渤海湾陆相湖盆大型天然气藏
形成与勘探

Formation and Exploration of Large Natural Gas Reservoirs in Continental Lacustrine Basin of Bohai Bay

薛永安 著

科 学 出 版 社

北 京

内 容 简 介

本书基于渤海湾盆地勘探实际的研究资料，结合实验分析及国内外大型气田类比剖析，系统总结大型天然气田成藏主控因素和富集贫化模式，提出渤海湾油型湖盆天然气形成理论(简称湖盆成气)和关键技术体系，指出陆相油型湖盆在构造与沉积特殊的凹陷具有形成大型天然气田的基本地质条件；本书以渤中凹陷为靶区，系统分析其构造沉积演化、区域超压泥岩的形成与分布、烃源岩生气机理、深埋潜山储集体形成条件和天然气成藏过程与模式，总结了深埋潜山天然气藏勘探地震关键技术，并以此为指导首次在油型盆地发现了渤中 19-6 大型、整装、高产、特高含凝析油凝析气田，该气田是全球最大的变质岩凝析气田。

本书可供从事石油与天然气，尤其是从事陆相断陷湖盆天然气勘探和开发的科研工作者和技术管理人员，以及高等院校师生科研和教学参考使用。

图书在版编目(CIP)数据

渤海湾陆相湖盆大型天然气藏形成与勘探 = Formation and Exploration of Large Natural Gas Reservoirs in Continental Lacustrine Basin of Bohai Bay / 薛永安著. —北京：科学出版社，2020.9

ISBN 978-7-03-066205-7

Ⅰ.①渤⋯ Ⅱ.①薛⋯ Ⅲ.①渤海湾盆地－断陷盆地－含油气盆地－天然气－油气藏形成－研究 ②渤海湾盆地－断陷盆地－含油气盆地－天然气－油气勘探－研究 Ⅳ.①P618.130.2

中国版本图书馆 CIP 数据核字(2020)第 178745 号

责任编辑：万群霞 / 责任校对：王萌萌
责任印制：师艳茹 / 封面设计：无极书装

科学出版社 出版
北京东黄城根北街 16 号
邮政编码：100717
http://www.sciencep.com

北京汇瑞嘉合文化发展有限公司 印刷
科学出版社发行 各地新华书店经销

*

2020 年 9 月第 一 版　　开本：787×1092 1/16
2020 年 9 月第一次印刷　　印张：12 1/2
字数：296 000

定价：198.00 元
(如有印装质量问题，我社负责调换)

序

渤海湾含油气盆地是我国油气勘探的老探区，经过近七十年的勘探开发，建成了胜利、辽河、华北、大港、中原、冀东、渤海七大油区，目前无论原油探明储量还是产量都占全国的三分之一。但是该盆地发现的原油和天然气储量之比非常不均衡，其中原油占油气当量的95%以上，而天然气只是伴随着原油的勘探偶有所获，且发现的为数不多的天然气田均以小型为主。因此，多年来渤海湾盆地被认为是典型的油型盆地，发现大型天然气田非常困难。为此，我国油气地质勘探家们多年来一直梦想在该盆地寻找和发现大型天然气田。

半个多世纪以来，在渤海湾盆地(陆地与海域)60余个主要凹洼陷丰富的地质、沉积、钻井、化验和地震资料的基础上，中海石油(中国)有限公司天津分公司(简称中海石油天津分公司)的勘探工作者们潜心研究、持续攻关，经过归纳、综合、升华，提炼出渤海湾油型湖盆成气理论，其观点是"一个核心要素、两个关键要素"(一个核心要素为古近系区域超压泥岩"被子"强封盖，两个关键要素为烃源岩晚期快速熟化高强度生气和深埋潜山大规模储集体)。中海石油天津分公司以此为指导，首次在油型盆地发现了渤中19-6大型、整装、高产、特高含凝析油的凝析气田。它既是中国东部最大的整装气田，又是全球最大的变质岩凝析气田，为渤海湾盆地创建天然气工业提供了资源保障，经济和社会效益重大。同时该发现也揭示了渤中凹陷具有万亿立方米气区的勘探潜力，吹响了在我国东部油区勘探发现大型气田的进军号。

《渤海湾陆相湖盆大型天然气藏形成与勘探》是大突破和大发现兼容、创新和创业并重、新思维和新技术结合的好书，由薛永安等一批长期工作在油田，熟悉油气地质特点，善握油气成藏脉络，掌握海量第一手数据的学术上的佼佼者成书，是实践和理论的结晶。所以该书出版问世是可喜可贺的，值得从事油气勘探开发和研究的技术人员、院校的师生阅读参考，一定会受益匪浅。

中国科学院院士

2020 年 7 月 2 日北京

前　言

　　渤海湾盆地是我国东部典型的油型盆地，已探明原油储量远大于已探明天然气储量，具有油多气少的特征。经过六十多年的勘探，在该盆地发现了一系列大型油田，但未发现大气田。为了在渤海湾盆地中寻找大气田，笔者团队通过长期攻关研究，提出渤海湾油型湖盆成气理论，构建深埋潜山天然气藏勘探地震关键技术，认识到在油型盆地存在局部天然气富集区，也可找到大气田。在该理论和技术的支持下，首次在我国东部老勘探区渤海湾盆地发现了渤中 19-6 大型、整装、高产、特高含凝析油的凝析气田，同时该气田也是全球最大的变质岩凝析气田、首次在油型盆地找到的大型天然气田。该发现揭示了油型盆地在寻找大型油田之后继续寻找大型天然气田的机会，指出了渤中凹陷具有万亿立方米气区的勘探潜力，以及其他可能的勘探潜力区。

　　渤海湾盆地为典型的陆相断陷湖盆，其典型特征表现为三方面：①陆相沉积，岩性横向变化快，无法保证生成的一定量的天然气能够得到有效保存；②新生界断陷盆地，晚期特别是明化镇组沉积以来断裂的强烈活动，造成地层破坏程度高，生成的天然气更容易逸散，无法有效聚集；③烃源岩主要为古近系沙河街组湖相泥岩，多为混合型干酪根，以生油为主，同时伴有天然气生成。而一般大型天然气田富集的盆地的典型特征是位于构造稳定区或者发育区域厚层膏岩等特殊岩性，且烃源岩为海相和海陆过渡相的地层，以生成天然气为主，多为高强度生气区，因此两类盆地差异明显。

　　笔者团队综合研究解剖渤海湾盆地 60 余个凹(洼)陷，以沉积与构造特征的差异分析为基础，划分出一种天然气富集、三种天然气贫化的模式，其中以渤海海域辽中凹陷的北洼、中洼、南洼和黄河口凹陷为典型代表；深化了大型天然气成藏条件研究，认为渤海湾盆地常规大型天然气藏形成的条件主要包括一个核心要素和两个关键要素。一个核心要素即古近系区域超压泥岩"被子"强封盖，两个关键要素包括烃源岩晚期快速熟化高强度生气和大规模储集体。勘探实践证明：其中天然气富集的凹陷在生油岩之上均发育一层高压异常泥岩"被子"，可以使湖相生油岩生成的原油伴生的大量天然气在洼陷中得以保存；而三种天然气贫化模式对应的沉积(砂岩含量增高)或构造(发育大量断穿深浅层的断裂体系并晚期持续活动)是生油岩之上无有效超压异常泥岩"被子"覆盖。渤中凹陷具有上述大型天然气田形成的基本条件。

　　(1)渤中凹陷经历了"挤压—拉张—挤压"多旋回构造—沉积演化过程，形成了NWW、NNE 和近 EW 向纵横交错断裂体系和结构复杂、类型多样的潜山构造，进而控制大型低潜山圈闭群的发育和分布。新生代以来，"伸展-走滑"双动力的成盆机制决定了渤海湾盆地沉积沉降中心自渐新世以来快速向渤中凹陷迁移，导致大型潜山圈闭群的深埋、渤中凹陷烃源岩的沉积热演化和区域厚层超压泥岩的发育。

　　(2)渤海湾盆地构造活动强烈，区域大型厚层膏泥岩欠发育。但古近系沙河街组、东营组厚层超压泥岩可以成为类似的区域盖层。沙河街组、东营组沉积的泥岩具有质纯、分布面积广、厚度大、从凹陷到凸起稳定连续分布、普遍发育超压的特征,虽然晚期断裂发育,但超压泥岩地层未被断穿,区域超压泥岩"被子"保存下来,成为控制天然气汇聚、充注与封盖的优质封盖层。

(3)渤中凹陷发育沙三段、沙一段和东三段三套中等—优质烃源岩,有机质类型以混合Ⅱ型为主,既生成原油,同时伴生天然气;特别是渤中凹陷是渤海湾盆地新近纪沉降中心,晚期快速大面积、大幅度整体沉降,导致烃源岩的深埋与熟化,为晚期即烃源岩高成熟期快速高强度生气创造了有利条件。

(4)渤中凹陷深层发育太古界变质岩潜山、下古生界碳酸盐岩潜山及古近系砂砾岩等多种类型的优质储集体,其中古近系砂砾岩分布范围局限,受埋深影响,储层以低孔低渗为主,古生界碳酸盐岩分布面积广但储层物性差,优质储层预测难度大,而太古界变质岩分布面积广,易发育规模性裂缝,勘探潜力最大。渤海海域太古界变质岩潜山主要的储集空间类型以裂缝为主,优质储层的形成受优势岩性、构造活动和多元流体三种因素共同控制,其中多期构造活动是控制裂缝发育的关键,区域上具有发育规模型优质储集体的地质条件。

(5)晚期渤中凹陷区大面积快速沉降导致欠压实,泥岩超压快速形成并加大,三套主力源岩成藏期地层压力系数为1.2~1.6,为油气强充注提供了动力,并将大部分油气封盖在深层汇聚,深埋潜山具有先油后气的连续充注过程,原油充注期主要发生在12~5Ma,天然气充注期主要在5.1Ma以来,后期深层储层中原油不断被天然气替出,最后形成深层大气田、浅层大油田。

由于深埋(低位)潜山地层具有埋藏深、构造起伏大、非均质性强的特点,加之地震照明度低、信号弱等因素影响,潜山地震资料品质低,严重影响潜山构造的落实和裂缝储层的精细预测。因此,笔者团队首先通过宽方位、高覆盖的地震三维采集,从根本上提高地震资料采集效果;其次通过各向异性速度建模及偏移成像技术,提高潜山顶面及内幕的成像质量,为后续储层预测奠定资料基础。针对潜山裂缝储层垂向分带特征。通过叠后高精度不连续检测方法的综合研究,各向异性机理分析及方位各向异性裂缝预测技术,实现了对风化带裂缝储层非均质性的精细表征,针对潜山内幕裂缝型储层特征,以内幕裂缝发育带响应机理研究为基础,通过视倾向信号分解及绕射波地震属性实现了对潜山内幕不同尺度裂缝带发育的有效预测。实际钻井也证明了上述方法的可行性和有效性,为深埋潜山天然气藏勘探提供了重要技术支撑。

本书内容由薛永安构思设计,薛永安、牛成民、王德英、周东红、于海波组织撰写。此外,王飞龙、王利良、王启明、王建花、王清斌、韦阿娟、邓辉、叶涛、吕丁友、刘晓健、许鹏、杜晓峰、李尧、李慧勇、肖述光、吴庆勋、吴昊明、张功成、张志军、陈容涛和胡安文(按姓氏笔画排序)等对本书亦有贡献。

本书的撰写还得到了中海石油(中国)有限公司天津分公司、中国石油大学(北京)、中国石油大学(华东)、中国地质大学(武汉)和成都理工大学等诸多单位领导和专家的支持与帮助,在此一并向他们表示衷心的感谢。

本书中的湖盆成气理论和关键技术主要是针对渤海湾盆地渤中凹陷提出，其应用范围和对象不免存在局限性，且不同盆地不同地区面临的地质问题千差万别，因此本书所提出的理论和关键技术仅供参考。此外受作者水平和研究深度的限制，书中不免存在不足之处，请广大读者批评指正。

薛永安

2020 年 6 月

目　　录

第1章 绪 论

随着全球经济的快速发展，各国对能源的需求量越来越大，石油工业在国民经济中的地位愈来愈重要。在大气环保的要求和清洁低碳能源转型的新形势下，天然气作为一种清洁高效能源，已成为全球石油战场的重要组成部分。天然气需求持续增长，天然气在世界能源结构中的地位也在不断上升。通过系统研究渤海湾盆地天然气聚集成藏的主要规律，可指导渤海地区天然气勘探，找到天然气富集区带并成功实现天然气勘探的突破，加快我国天然气勘探的大发现。

1.1 国内外天然气研究现状

1.1.1 天然气理论和技术研究进展

天然气勘探地质理论研究是在油气勘探过程中逐步发展和完善的，经过多年的研究，天然气勘探在理论和技术两个方面都取得了长足进展。

1. 天然气勘探基础理论研究进展

早期天然气勘探主要依附于圈闭与有机生油等传统石油地质学理论。直到 20 世纪 40 年代，德国学者提出了煤成气概念，开始指导天然气勘探与评价，并在西欧、中亚和西西伯利亚盆地天然气勘探中取得初步成效，认识到含煤盆地及其地层中腐殖型有机质也可形成天然气。20 世纪 80 年代，由戴金星院士率先提出"煤成气"理论，对天然气的成因类型开展了系统研究，提出了一系列的划分方案，随后逐步完善形成多种成因类型，主要包括煤型气、原油裂解气、生物气、油型气(倾油型干酪根裂解气)(戴金星等，1997a；宋岩和徐永昌，2005)。煤成气新理论的出现使指导我国天然气勘探的理论从油型气"一元论"发展成煤成气和油型气的"二元论"。煤成气理论开辟了我国天然气勘探新领域，促进了我国天然气工业大发展(戴金星等，2008，2019)，对苏里格、克拉 2 等系列煤成气大气田的发现起到重要指导作用。

进入 21 世纪之后，聚焦大气田规模发现的持续勘探研究实践，国内学者又建立了腐泥型有机质全过程生烃模式和煤系烃源岩全过程生气模式，建立了油藏中原油裂解气和源内残留烃裂解气模式，明确了不同类型干酪根裂解生气量(魏国齐等，2012)，突破了传统的煤系烃源岩生气下限，完善了有机质全过程生烃理论，丰富和发展了干酪根热降解生烃、有机质接力成气等有机质生烃地质理论。"十二五"以来，又陆续新建了多元天然气成因鉴别新指标及图版，丰富了天然气成因鉴别指标体系，有效支持了深层、高演化、复杂气藏成因和来源研究，进一步深化了多元天然气成因理论(李剑等，2018；魏国齐等，2018a)。

2. 天然气成藏理论研究进展

20 世纪 90 年代初，天然气地质学家提出了天然气运聚平衡原理，随后美国学者 Hunt 提出了异常压力封存箱的新理论，为天然气的运移、聚集建立了新的模式。近年来，随着天然气勘探和地质综合研究的不断深入，逐步提出了天然气成藏动平衡理论(郝石生，1990)、天然气源控论、天然气多期成藏及晚期成藏理论(戴金星等，1996，1997b；周兴熙，1997；宋岩等，1998)。随后又建立了成藏过程中天然气聚散定量评价方法(郝石生等，1995；郝石生，2002)和成藏期次的确定方法，总结了不同类型大中型气田成藏模式和成烃模式(王庭斌，2005)。进入 21 世纪后，国内学者又结合我国地质条件及大中型气田的分布特征，总结了我国大中型气田形成与分布的主控因素(戴金星等，1997b；王庭斌，2004，2005；邹才能和陶士振，2007；魏国齐等，2018b)。同时，在非常规天然气藏(如深盆气藏、煤层气藏、页岩气藏)形成机制和分布研究方面也取得了重要进展(魏国齐等，2018b)。

"十五"以来，在勘探开发实践的基础上，国内天然气勘探的成藏地质理论取得多项重大进展，进一步提升了对资源潜力与资源分布规律的认识：①建立了我国古老碳酸盐岩大气田成藏理论、地层孔隙热压生排烃和多介质原油裂解生气模式，提出克拉通内裂陷控制生烃中心新认识和"三灶"供气新模式、古老碳酸盐岩成储机制，创建了继承性古隆起控制的古油藏原位裂解成藏模式，从而推动四川盆地安岳特大型气田的发现。②建立了超深生物礁大气田成藏理论，形成超深层生物礁优质储层发育机理新认识，建立"三维输导、近源富集、持续保存"生物礁成藏模式。③建立了前陆冲断带深层聚集理论，提出前陆盆地构造发育机制，提出深层储层"双应力"造缝、次生溶蚀作用控储新认识，建立了"顶蓬构造"控藏的成藏理论。④发展完善了低渗-致密天然气成藏理论，创建了"敞流型"湖盆沉积新模式，提出"源储交互叠置、孔缝网状输导、高效聚集"成藏机制，提出 $10 \times 10^8 m^3/km^2$ 生气强度可以形成大气田。⑤初步建立了页岩气成藏超压理论，建立了两类页岩气富集模式，评价落实可采资源。⑥建立了不同煤阶煤层气成藏地质理论，以"多源共生"为核心的中低煤阶煤层气富集成藏理论，以"三元耦合"机制为核心的高煤阶煤层气成藏地质理论(郑民等，2018)。⑦发展完善了以生烃断槽为基本单元的断陷盆地火山岩气藏成藏理论，指导了松辽盆地深层火山岩勘探。⑧系统深化了海域高温超压和深水天然气成藏理论，指导了我国海域自营区最大气田东方 13-2 气田及深水勘探领域陵水 17-2 千亿立方米大气田的重大发现。一系列天然气地质理论的提出及成藏理论的不断完善，持续深化了我国天然气资源潜力认识，助推一批大气区不断取得新发现(佘源琦等，2019)。

3. 天然气勘探技术研究进展

天然气的勘探发现与突破离不开勘探技术的发展与进步。地震勘探由过去的光点地震、模拟地震、数字地震技术发展到如今的"两宽一高"地震技术，增加了方位地震信息，解决了裂缝和应力等造成的各向异性问题，并在复杂地质条件下逐步形成了包括山前宽线大组合、黄土塬、戈壁、深层等地震采集、叠前处理、储层预测、烃类检测等应对我国多类型天然气勘探配套技术序列，助推天然气勘探实现从浅层向深层、从简单到复杂的不断突破(佘源琦等，2019)。如高分辨率地震和岩性体识别技术大大提高了地层圈闭的识别精度，促进了鄂尔多斯盆地上古生界大气田和塔里木盆地的发现(李振铎等，1998；杨华和席胜利，2002)。宽线大组合、三维采集处理、盐相关构造建模等系列地震技术攻关，提高了盐下超深层圈闭的识别精度，大大促进了克拉苏深层盐下大气田的勘探突破(王招明等，2013)。利用三维三分量地震勘探技术，有效解决了优质储层预测、裂缝检测、含气性识别等关键问题，助推了川西致密气田高效勘探(蔡希源，2010)。沙漠区全数字地震勘探技术、黄土原非纵地震技术为苏里格大型致密气藏勘探的储层预测提供了技术保障(杨华等，2012；付金华等，2019)。针对性地建立了火山岩地震处理与岩体识别技术，助推徐深气田高效勘探和开发(王永卓等，2019)。

近年来，我国天然气勘探发展迅速，先后在四川盆地、鄂尔多斯盆地、塔里木盆地、柴达木盆地及南海莺歌海-琼东南盆地发现了一大批大、中型气田。这些大气田的发现及储量的快速增长与天然气基础地质理论的发展密切相关(魏国齐等，2018a)。截至 2016 年年底，我国天然气累计探明地质储量达到 $12.9 \times 10^{12} \mathrm{m}^3$，天然气勘探取得了跨越式发展。

1.1.2 国内外天然气田分布

1. 国外天然气田分布

全球天然气资源丰富，目前在全球 90 余个沉积盆地内发现了气田，天然气资源主要集中在 3 个国家：俄罗斯占 27%，伊朗占 15%，卡塔尔占 13%。这 3 个国家拥有全世界一半以上的天然气储量(江怀友等，2008)。

从大气田沉积盆地分布来看，大气田个数超过 10 个的沉积盆地仅 7 个：俄罗斯西西伯利亚(56 个)、中东扎格罗斯(26 个)、波斯湾(24 个)、中亚卡拉库姆(16 个)、美国墨西哥湾(14 个)、北海(13 个)和澳大利亚卡那封盆地(12 个)。分布于 7 个盆地的大气田个数占大气田总个数的 45%，且油气可采储量占大气田总可采储量的 67%。全球 30 个特大型和巨型气田分布于 15 个沉积盆地，波斯湾 2 个巨型(北方和南帕斯气田)和 3 个特大型气田，西西伯利亚 1 个巨型(乌连戈伊气田)和 8 个特大型气田，扎格罗斯 3 个特大型气田，滨里海 2 个特大型气田，这 4 个盆地特大型和巨型气田多达 19 个，其余 11 个则分布在其他 11 个沉积盆地内(白国平和郑磊，2007；江怀友等，2008)。

从盆地类型来看，大陆裂谷盆地内发现大气田最多，达 304 个，占总数的 35%，储量占总量的 39.4%；其次，被动陆缘盆地 95 个大气田，占总数的 30.9%，储量占总量的 37.4%；陆-陆碰撞边缘盆地内发现 77 个大气田，占总数的 21.7%，储量占总量的 15.9%；其余三类盆地(与地块增生、岛弧碰撞或浅俯冲相关的碰撞边缘盆地、走滑盆地和俯冲边缘盆地)内发现大气田 50 个，仅占总数的 14.1%，储量只占总量的 7.3%。大陆裂谷、被动大陆边缘和陆-陆碰撞边缘盆地是寻找大气田的最有利盆地类型(白国平和郑磊，2007；江怀友等，2008)。

全球大型天然气田主要分布在海相沉积盆地，烃源岩为海相倾油型干酪根。如天然气地质储量巨大的波斯湾 North 气田、西西伯利亚盆地 Urengoy 气田和澳大利亚西北陆架 Gorgon 气田等。湖相沉积盆地相对较少，如国外中深湖相烃源岩主要分布在南大西洋两侧被动大陆边缘、非洲中新代裂谷、中美洲马拉开波盆地、东南亚等地区，仅在西非加蓬盆地和东南亚苏门答腊盆地各有一个大型气田。其中，西非加蓬盆地天然气主要为原油裂解气（兰蕾等，2017）；东南亚苏门答腊盆地 Lemat 组天然气主要偏腐殖或煤型气。

2. 国内天然气田分布

我国沉积盆地丰富的天然气资源是由我国独特的地质环境决定的。古生界海相高演化程度的烃源岩、广泛分布的煤系地层及第四系低温盐湖相地层等，都决定了我国境内天然气的资源前景相当广阔。在中部、西部及海域的大多数含油气盆地，已形成鄂尔多斯、塔里木、川渝、柴达木及东部 5 大气区。

我国从前寒武系、古生界、中生界至新生界几乎所有的地质时期，都发现了大规模的天然气聚集（张水昌和朱光有，2007）。纵向上可划分为前寒武系含气层系、古生界含气层系、中生界含气层系及古近系—第四系含气层系四大层系。前寒武系含气层系主要包括基底变质岩层系和震旦系含气层系，分布于松辽盆地、四川盆地和塔里木盆地。已发现兴隆台太古界气田和威远震旦系气田，在塔里木盆地雅克拉构造震旦系获得工业气流。古生界为我国天然气广泛分布的层系，除泥盆系以外，各层系均有天然气分布。中生界天然气在我国天然气储量构成中占有重要地位，目前在塔里木盆地、四川盆地、准噶尔盆地和松辽盆地中都发现了大气田。古近系—新近系气田有 13 个，主要分布于塔里木盆地、柴达木盆地和渤海湾盆地。第四系气田有 3 个，全都产自于柴达木盆地（魏国齐等，2014）。

我国天然气主要分布于克拉通盆地、前陆盆地及断陷和拗陷盆地中，其中大气田主要发育在克拉通盆地和前陆盆地，克拉通盆地和前陆盆地也是全球范围内最重要的勘探领域。克拉通盆地主要包括塔里木盆地、四川盆地和鄂尔多斯盆地，这是我国三大主要的产气区。现已发现的气田有鄂尔多斯盆地中部大气田、四川威远大气田、塔里木和田河气田、塔中 1 井气田、塔中 16 井气田、雅克拉凝析气田、渡口河气田、黄龙场气田、天东气田、云安场气田、五百梯气田、大猫坪气田、塔中 6 凝析气田和苏里格大气田等。前陆盆地含气区主要有四川盆地西北缘、鄂尔多斯盆地西缘、塔里木盆地的库车、塔西南、柴达木盆地北缘及准噶尔盆地南缘在内的 6 个主要前陆盆地，目前已发现了克拉 2、迪那 2、大北、邛西、安岳和合川等大气田。裂谷盆地主要为松辽、渤海湾、苏北和江汉等盆地，其深层发育多个天然气勘探有利区带，其中松辽盆地深层主要有长垣以东的徐家围子-莺山断陷区、古中央隆起以西的断陷区和东南隆起区的王府-德惠断陷区。目前裂谷盆地发现了长岭、龙深、徐深和松南等大气田（魏国齐等，2014）。海域多为中新生界大陆边缘裂陷盆地，主要包括东海、珠江口、琼东南、莺歌海等含气盆地，近年也陆续发现了一批大中型气田（谢玉洪，2016）。

1.2 渤海湾盆地天然气勘探史与地质认识

1.2.1 渤海湾盆地天然气勘探历程

渤海湾含油气盆地位于我国东部渤海湾及其沿岸地区，横跨辽、冀、京、津、鲁和豫 6 省市及渤海海域，也称华北含油气盆地，是我国重要的能源基地之一。该盆地富产石油，但天然气相对不甚富集，且大部分天然气为石油伴生气，是一个典型的富油盆地，渤海湾盆地的天然气勘探是伴随石油勘探而进行的。20 世纪 70 年代以前主要是勘探石油伴生气，20 世纪 80 年代，随着石油勘探的不断深入，陆续发现了一批天然气田。其中地质储量大于 $100×10^8m^3$ 的有板桥、兴隆台、苏桥、文留、桩西、锦州 20-2 等气田。20 世纪 90 年代为天然气快速增长阶段，在古生界地层中发现了千米桥气田，并扩大了苏桥凝析气田(苏 49 气藏)，同时在新生界地层中发现了一批小气田和含气构造，如河西务、柳泉、板中和港东等(梁生正等，2005)。截至 2017 年底，渤海湾盆地共发现气田 139 个，主要分布于东濮、辽西、辽东、板桥、沾车、坝县、东营、歧口等凹陷。总共探明气层天然气地质储量 $3611.14×10^8m^3$，其中以小型气田居多，储量大于 $200×10^8m^3$ 的仅有板桥气田 1 个，储量介于 $100×10^8～200×10^8m^3$ 的气田有 9 个(图 1-1)。渤海湾盆地以中小型气田或气田群分布为主，已发现的气藏多为小型气藏，单个气藏的储量一般低于 $50×10^8m^3$，并以伴生气为主，探明储量较大的气田(探明储量超过 $100×10^8m^3$)主要为煤型气或高—过成熟气(如文留、苏桥、板桥、兴隆台等气田)。目前已探明的天然气储量主要分布于中浅层的次生气藏中。

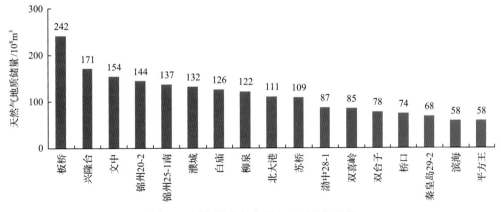

图 1-1 渤海湾盆地主要气田天然气储量

目前在渤海湾盆地发现的天然气成因类型有生物成因气、生物-低温陆源成因混合气、油型气、陆源有机气和煤成气，其中以油型气、陆源有机气及煤成气为主要类型。盆地内古近系暗色泥岩和石炭系—二叠系煤系地层为两套主力生气源岩，其次为新近系泥岩。天然气成因明显受源岩有机质类型和热演化程度的控制。渤海海域天然气主要为烃类气体。有机成因气中腐殖型母质和高热演化阶段成因气占明显优势；与生物作用有关的天然气所占比例较小，主要为生物降解气；此外还有一定比例的热解与生物复合成因气。渤海湾盆地的天然气藏(田)大型少、小型多，但大型气田储量占优。全渤海具有超过万亿立方米资源量潜力，其中渤中凹陷、歧口凹陷、辽中凹陷是富生气凹陷，生气强度大(薛永安等，2007)。

据中国石油第四次油气资源评价结果，渤海湾盆地(陆上)常规天然气总地质资源量$23097.11\times10^8m^3$，其中探明地质储量$2670.56\times10^8m^3$，剩余地质资源量$20426.55\times10^8m^3$；总可采资源量$11757.93\times10^8m^3$，其中探明可采储量$1434.40\times10^8m^3$，剩余地质资源量$10323.53\times10^8m^3$。渤海湾盆地(陆上)存在致密气和页岩气等非常规天然气资源。

根据国际通常办法和钻井工程规范及我国《石油天然气储量计算规范》(DZ/TO127—2005)，并结合勘探开发工作实际，将东部地区(包括渤海湾盆地)3500m以深(大于4500m为超深层)界定为深层油气资源赋存领域。据中国石油第四次油气资源评价结果，渤海湾盆地(陆上)深层(碳酸盐岩、碎屑岩、火山岩-基岩)天然气总地质资源量$6622.03\times10^8m^3$，其中剩余地质资源量$6149.20\times10^8m^3$，地质资源丰度$0.090\times10^8m^3/km^2$。

1.2.2　渤海海域天然气勘探历程

渤海海域的天然气勘探发现主要集中在辽东湾北区辽西低凸起北倾末端、辽中北凹以及渤中凹陷周边凸起倾末端，其他地区较少。在20世纪70年代渤海勘探初期，在渤中凹陷周边凸起倾末端钻探的一些探井发现了一些高产天然气层，但储量不大，20世纪80年代在辽东湾辽西凸起发现了储量超过$100\times10^8m^3$的锦州20-2气田，储层为沙河街组和太古界花岗岩地层，但随后在辽东湾地区的勘探发现均以原油为主。进入20世纪90年代，渤海勘探家提出了"晚期成藏"理论，指出渤海海域是渤海湾盆地发展的归宿，新近系是渤海勘探的主要领域，随后开始一直到目前，渤海十几年时间的勘探以新近系为主，原油勘探获得了大发现，找到了以新近系重质原油为主的约30×10^8t原油。因此，渤海天然气勘探进入低潮，虽有个别发现，储量均以小型为主。

截至2017年年底，渤海海域已发现规模较小、类型各异的天然气藏(田)37个(图1-2)，获得各类天然气地质储量约$2500\times10^8m^3$，其中溶解气约$1660\times10^8m^3$(占66.4%)，气层气约$840\times10^8m^3$(占33.6%)；探明地质储量约$900\times10^8m^3$，其中溶解气$570\times10^8m^3$(占63.3%)，气层气$330\times10^8m^3$(占36.7%)。虽然总储量有一定规模，但总体以溶解气占优，气层气只

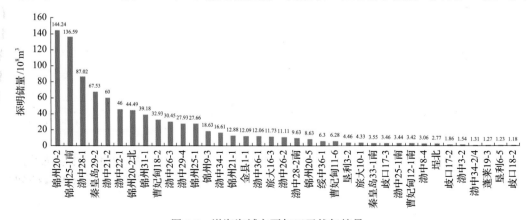

图1-2　渤海海域主要气田天然气储量

占约三分之一。在 37 个天然气藏(田)中，储量最大的锦州 20-2 气田只有 $144.24 \times 10^8 m^3$，小的气田的储量则仅 $1.18 \times 10^8 m^3$，按当量折算天然气地质储量仅相当于原油的 8.9%，不足十分之一，显然勘探成效不及原油。

从 2017 年渤海湾盆地各石油公司的天然气产量来看，渤海湾盆地天然气总年产量仅为 $14.37 \times 10^8 m^3$，其中渤海海域天然气年产量为 $11 \times 10^8 m^3$，占据绝大部分。

1.2.3 渤海海域天然气勘探突破

渤海海域经历半个多世纪的勘探，未发现大型天然气田，前人研究将渤海海域发现气田数目少的原因归为烃源岩和盖层两个方面：一方面渤海海域主要烃源岩古近系沙河街组为腐泥型和混合型，演化程度不够高，以生油为主，不利于大型油型气藏的形成(蒋有录，1999；赖万忠，2000)，研究发现国内大型气田天然气成因主要为煤成气、原油裂解气和生物气，如鄂尔多斯盆地苏里格和塔里木盆地克拉 2 气田为煤成气，烃源岩为石炭系—二叠系煤系烃源岩，四川盆地普光气田和安岳气田为原油裂解气；另一方面渤海海域晚期构造活动强烈，断裂极其发育，特别是新生代走滑拉张断裂的强烈活动，造成盖层破坏程度高，生成的天然气更容易逸散，天然气保存条件较差。而国内外大气田主要分布在构造稳定区，或者区域厚层膏岩发育的非构造稳定区(张抗，2004)。因此烃源岩及封盖条件导致生成的一定量的天然气在渤海海域大部分地区无法有效聚集，或者只能聚集形成中小型天然气田。因此，晚期构造活动强烈的渤海海域长期以来被认为难以形成大规模的天然气田，大型天然气田形成条件的研究一直是业界攻关的科学难题。

虽然渤海陆相断陷盆地大气田形成条件苛刻，但中海石油(中国)有限公司天津分公司科研团队通过多年持续攻关，对渤海湾盆地 61 个凹(洼)陷开展系统钻研，在成气物质基础、圈闭形成演化、优质储层成因和天然气保存条件等方面做了大量的研究工作，并总结了渤海湾油型盆地形成大型天然气田的主控因素，即"一个核心要素、两个关键要素"。一个核心要素为区域性超压泥岩"被子"强封盖，两个关键要素包括烃源岩晚期快速熟化高强度生气和发育大规模储集体。在此基础上，结合中海石油(中国)有限公司天津分公司多年的勘探实践，深化天然气成藏理论研究，系统总结了渤海大规模天然气成藏与富集贫化模式，创新认识到油型盆地仍然存在局部天然气富集区，并首次揭示出大规模生油之后还可以大规模生气机理，为渤海常规大型天然气勘探指引了方向(薛永安等，2007；薛永安和李慧勇，2018；徐长贵等，2019；薛永安和王德英，2020)。

通过系统梳理关键难题，开展对湖相烃源岩规模生气机理认识不清、渤海深层能否发育大型优质储集体、晚期强断裂活动区是否具备大气田聚集保存条件、深层地震资料成像与优质储层预测难度大等科学难题进行持续攻关研究，创新建立了陆相湖盆大型天然气藏富集地质理论和勘探关键技术，2017 年，渤海油田天然气勘探终获突破，在渤中凹陷西南部成功发现了渤中 19-6 大型凝析气田，探明地质储量超千亿立方米。该气田的开发、生产和利用将为渤海油田 $3000 \times 10^4 t$ 稳产及再上新台阶提供强有力的支持，并将进一步巩固渤海油田作为北方海上能源基地的优势地位，将对包括雄安新区在内的华北地区生态文明建设、应对气荒和京津冀绿色协同发展等做出积极贡献，同时也积极响应中央号召，为多元保障国家能源安全发挥重大作用，社会效益巨大。

2.1 渤海湾盆地富油富气凹陷结构对比

由勘探成果可见，渤海湾盆地相对富气凹陷包括辽河西部凹陷、渤海辽中凹陷北洼、渤中凹陷、板桥凹陷、东濮凹陷等，而相对富油凹陷包括南堡凹陷、歧口凹陷、辽中凹陷中南洼、东营凹陷等。从辽中北洼地质剖面图(图 2-1)来看，除了凸起边部个别断层及辽东凸起之外，辽西低凸起两侧及凹陷内断层较少，由于从凸起到凹陷断裂系统不发育，以及该区的东营组及沙河街组中存在两条高压异常带，其中上带从辽中凹陷穿越辽西低凸起一直延伸到辽西凹陷，分布广、厚度大(500～1000m)、异常高压(压力系数最大超过 1.7)。渤中凹陷与其相似，凹陷内断裂系统不发育，只是后期构造运动在浅层形成较复杂断裂，并不破坏东营组以下地层，因此渤中凹陷也形成了东营组及沙河街组两条高压异常带。板桥凹陷、东濮凹陷等富气凹陷也有这样的现象，且各凹陷主力气层均位于高压异常(特别是第一条)之下。富油凹陷则与此完全不同，典型富油凹陷南堡凹陷从南到北分布有数条断裂破碎带(图 2-2)，并且断层断穿上古近系，地层破坏程度高，与此相应，该凹陷从深部到浅层基本没有高压异常分布，应该与断裂发育有关；同样，富油的歧口凹陷与南堡凹陷结构非常相似，从南到北断裂系统非常发育，从而导致歧口凹陷除了深凹内部沙三段局部及夹持于两条断裂带之间未被破坏的东营组局部见到高压异常外，凹陷大部分没有异常压力存在。

以上几个实例的分析表明，相对富气凹陷的断裂系统不发育，尤其是古近系没有遭到较大程度破坏，而相应在古近系存在两条高压异常泥岩带；两个相对富油的南堡凹陷、歧口凹陷古近系破坏程度高，没有高压异常存在。这说明断裂系统与高压异常带的分布有很大关系。如果再对比一下富油的辽中凹陷的中、南洼结构特征，会发现其断裂系统并不发育，为什么没有高压异常存在呢？辽东湾地区中南部短轴方向发育绥中、复州两

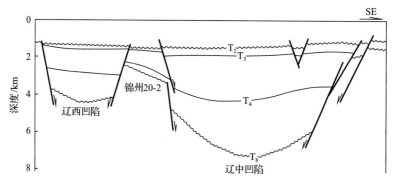

图 2-1 辽东湾北区结构剖面示意图

T_2、T_3、T_4、T_8 为地震解释层位标识，余同

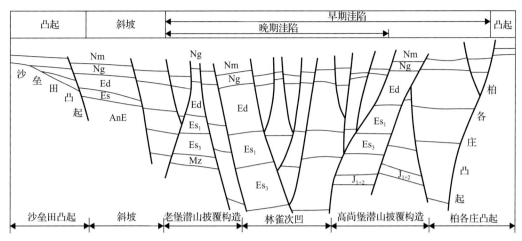

图 2-2　南堡凹陷结构剖面示意图(据薛永安，2014)

大水系，从而使辽中凹陷中、南洼大部分为三角洲沉积，岩性粗，以砂岩为主，因此地层沉积压实过程中流体容易及时排除，不能形成高压异常；辽北地区短轴方向除了分布较小的扇三角洲外，没有三角洲沉积，而长轴方向的辽河水系向南只到达锦州 9-3 构造带，从而在辽中北洼、辽西低凸起北段、辽西北洼形成大面积半深湖、深湖相沉积，岩性以泥岩为主，地层沉积压实过程中流体不容易及时排出，形成大面积分布的高压异常带。这就是辽东湾地区北、中、南三洼虽然凹陷结构相似，断裂发育程度相近，但北部存在高压异常而中南部地区没有高压异常的原因。富油的东营凹陷、沾化凹陷没有异常高压存在(或异常高压只存在于凹陷深部)可能与此相似。

　　综上所述，渤海湾盆地相对富油凹陷一般由于原生沉积(富砂少泥，砂岩含量高)及后期构造变化(断裂发育破坏)两方面原因，古近系没有高压异常存在，天然气不易保存，因而不富气；相对富气凹陷同样由于以上两个原因(即富泥少砂，泥岩含量高，并且断裂系统不发育)，古近系存在高压异常，尤其是东营组存在广泛分布的高压异常带，使天然气容易保存，因而富气。这些高压异常带就像一条厚厚的"被子"覆盖在天然气藏之上，没有这些"超压盖层"的存在，在渤海湾盆地就难以形成相对富气的凹陷以及较大型的天然气藏。

2.2　渤海湾盆地主要气田特征

　　前人已对渤海湾盆地天然气分布规律做了许多研究(赵贤正和张万选，1991)；龚再升等，2000；葛建党和朱伟林，2001)。到目前为止，渤海湾盆地已发现储量超过 $100 \times 10^{8} m^{3}$ 的气田 6 个(表 2-1)，分别是辽河西部凹陷的兴隆台气田，渤海辽东湾的锦州 20-2 气田，黄骅拗陷的板桥气田、千米桥气田，冀中拗陷的苏桥-文安气田，临川拗陷的文 23 气田。为了更详细地说明渤海海域的天然气田特征，将储量排在第 7 位的白庙气田、渤海发现的其他 3 个较大的气田(曹妃甸 18-2 气田、渤中 28-1 气田、渤中 13-1 气田)与前边 6 个气田并称渤海湾盆地的 10 个主要气田，并进行解剖分析。

表 2-1 渤海湾盆地储量大于 $100 \times 10^8 m^3$ 气田统计表

气田	层位	地质储量/$10^8 m^3$	可采储量/$10^8 m^3$	凝析油地质储量/$10^4 t$
千米桥	Es、E_3、O	325.02	217.76	195.30
板桥	Es、Ed	190.63	75.45	693.30
兴隆台	Ed—Ar	169.50	118.37	16
苏桥-文安	O	156.33	53.87	360.60
文 23	Es、E_3	152.32	110.42	4.5
锦州 20-2	Es、Pz	135.40	94.78	332.70

注：据国家储委公开资料。

2.2.1 主要气田解剖对比

渤海湾盆地主要气田的特征见表 2-2。根据盖层不同，可以将这 10 个主要气田分为两类：第一类是以古、新近系泥岩为主要盖层和储层的气田；第二类是以前新生界或特殊岩性为盖层和以前新生界为主要储层的气田。前者包括兴隆台、锦州 20-2、板桥、白庙、曹妃甸 18-2、渤中 28-1 和渤中 13-1 气田，数量及储量占大部分；后者包括千米桥、苏桥-文安、文 23 气田，数量及储量约占三分之一。第一类气田的 7 个构造，其圈闭总体形态基本为背斜、半背斜，且都被断层复杂化为断块、断鼻，各断块气油水关系复杂，气层多为凝析气；储层物性变化范围大，孔隙度为 1.7%～33%、渗透率为 0.1×10^{-3}～2093 $\times 10^{-3} \mu m^2$，反映了天然气对储层物性要求较低；7 个气田盖层全部为具有高压异常的古近系泥岩（多为东营组），厚度一般为 300～700m，压力系数一般为 1.2～1.6，多为 1.4 左右；气源岩为古近系，多为偏腐殖型有机质。第二类气田 3 个，文 23 气田圈闭类型为沙河街组盐拱背斜，千米桥、苏桥-文安气田均为潜山，前者为半背斜，后者为单斜断块；3 个气田均为凝析气田；储层物性较差且变化大，孔隙度为 1%～13%，渗透率为 0.2 $\times 10^{-3}$～$100 \times 10^{-3} \mu m^2$，其中多数小于 $20 \times 10^{-3} \mu m^2$；文 23 气田盖层为沙三段的膏盐层夹泥页岩，厚度超过 500m，分布稳定，苏桥-文安气田盖层为石炭系—二叠系铝土矿及中生界泥岩，千米桥气田盖层为中生界泥岩、凝灰岩及石炭系—二叠系，即 3 个气田盖层均为前新生界的特殊岩性。除了千米桥气田的气源为新生界腐殖型生油层外，其他两个气田的气源均为石炭系—二叠系煤系地层。

从以上分析可知，10 个主要气田的共同特征如下：①盖层要求严格，较大型气田必须以新生界高压异常泥岩或特殊岩性地层（统称"特殊盖层"）为盖层，没有高压异常的新生界不能作为较大型气田的有效盖层；②气源岩为偏腐殖型或高成熟腐泥型源岩，煤系地层也可形成大型气田；③圈闭类型要求较严格，一般情况要求圈闭总体形态具有背斜形态或半背斜形态及潜山圈闭，新生界单纯断块圈闭难以形成较大型气田。其他如储层等因素要求并不严格。

2.2.2 气田规模与特征分析

除了储量大于 $100 \times 10^8 m^3$ 以上的气田外，还对渤海湾盆地（50～100）$\times 10^8 m^3$，（30～50）$\times 10^8 m^3$，（10～30）$\times 10^8 m^3$ 三个储量段的气田进行了统计，发现储量大于 $50 \times 10^8 m^3$ 的 14 个气田全部为古近系及新近系产层，储量（30～50）$\times 10^8 m^3$ 的 9 个气田也只有 3 个

表 2-2　渤海湾盆地 10 个主要气田特征统计表

类型	气田	盖层特征	构造特征	储层特征	油藏特征	生油岩特征
第一类	兴隆台	E_3s_1 及 E_3d 泥岩，厚度 500~1000m，压力系数 1.2~1.4	复式断块，总体具背斜形态	以 Es 砂岩、含砾砂岩、砂砾岩为主；φ=15.2%~23.2%，k=(725~2093)×10^{-3} μm^2，油气藏埋深 1700~2180m	边水气藏及岩性气藏	E_2s_{3+4} 以 Ⅰ 型和Ⅲ型为主，E_2s_{1+4} 以混合型为主，Ed 以Ⅲ型为主
	锦州 20-2	主要为 E_3d 泥岩，厚度 324~530m，压力系数 1.48	低潜山-披覆构造	生屑云岩、砾岩，Mz 安山岩、Ar 混合花岗岩；φ=1.78%~24.9%	受构造控制的块状凝析气藏	E_2s_{3+4} 母质类型以Ⅱ、Ⅲ型为主
	板桥	E_3s_1 的大套泥岩，厚度 320~400m，压力系数 1.4	半背斜构造，局部为鼻状构造	主要为 E_3s_{1-2} 砂岩，φ=15%~33%，k=(26~659)×10^{-3} μm^2，油气藏埋深 2224~3984m	以断块构造油气藏为主，还有断块构造-岩性油气藏	主要生油层位 E_2s_3，母质类型以Ⅱ$_2$型为主
	白庙	Es 泥岩，厚度 300~700m，压力系数 1.2~1.6	半背斜、逆牵引构造	主要为粉砂岩，含砾砂岩；φ=9%~17%，k=(0.1~35)×10^{-3} μm^2	岩性-构造复合式凝析油气藏	东濮凹陷古近系油型气及 C-P 煤型气
	曹妃甸 18-2	E_3d_3 的大套泥岩，厚度 450~760m，压力系数 1.35 左右	潜山披覆构造	砂砾岩及 Ar 基岩，φ=7.1%~8.6%，物性差，k=(2.09~33.6)×10^{-3} μm^2；有效厚度 20.3~23.6m，埋深 3590~3920m	构造控制的块状凝析气藏	渤中、沙南凹陷 E_3d_3 Ⅱ-Ⅲ型母质
	渤中 28-1	E_3d 泥岩，厚度 270~420m，压力系数 1.2	潜山断块构造	Pz 灰岩风化壳及 E_3s_1 中细砂岩，φ=2.2%~8.5%，k=(1.82~14.2)×10^{-3} μm^2	潜山块状油气藏、构造岩性油气藏	渤中凹陷古近系母质类型为Ⅱ-Ⅲ型或Ⅱ型
	渤中 13-1	E_3d_3 泥岩，厚度 300~600m，压力系数 1.3~1.54	潜山披覆背斜构造	E_3s_1 生屑云岩，平均 φ=28.6%，k=250×10^{-3} μm^2	岩性-构造层状油气藏	渤中凹陷古近系母质类型为Ⅱ-Ⅲ型或Ⅱ型
第二类	千米桥	Mz 泥岩、凝灰岩，厚度 310~400m	潜山背斜	潜山碳酸盐岩；φ=1%~10%，k=(3~100)×10^{-3} μm^2，埋深 3800~4950m	受构造控制的层状构造气藏	主要生油层位 E_2s_3，类型以Ⅱ$_2$型为主
	苏桥-文安	C-P 铝土岩及 Mz 泥岩，厚度 300~400m	单斜断块构造	奥陶系灰岩，白云岩；φ=4.2%~8.66.3%，k=(0.98~4.2)×10^{-3} μm^2；埋深 3800~4700m	苏 1 井、6 井为气顶油藏，苏 4 井属干凝析气藏	煤型气，来源于 C-P 煤系地层及霸县凹陷古近系
	文 23	E_2s_{1+4} 膏盐层夹泥页岩，厚度大而分布稳定	盐拱背斜	E_2s_4 砂、粉砂岩，φ=8.8%~13.8%，k=(0.27~17.1)×10^{-3} μm^2；埋深 2672~3154m	边水层状、底水块状气藏	东濮凹陷 C-P 煤系煤型气

注：φ 为孔隙度，k 为渗透率。

存在新近系储层,储量$(10\sim30)\times10^{8}m^{3}$的 20 个气田也只有 5 个存在新近系储层。这也进一步说明较大型气田要求严格的盖层条件,古近系盖层条件好(存在"特殊盖层"),天然气主要保存在古近系及其以下地层中,没有"特殊盖层"的新近系气田少、储量小。

纵观国内近几年发现的大型天然气田,如库车前陆盆地克拉 2 号气田、迪那 1 气田、迪那 2 气田,鄂尔多斯盆地苏里格大气田,海域崖城 13-1 等大型气田的盖层均与高压异常有关。当然这些盆地的地质条件与渤海湾盆地不同,其天然气地质条件必然有较大差异,但它们对盖层条件的要求是严格一致的(戴金星等,1997a,2003;康竹林,2000;卢双舫等,2002;柳广弟等,2005)。

上述分析表明,控制渤海湾盆地较大型天然气田形成的首要因素是盖层。可以说,渤海湾盆地大于 $100\times10^{8}m^{3}$ 以上的大型气田应在东营组(或沙河街组)高压异常泥岩(或特殊岩性)形成的"特殊盖层"底下去寻找。

2.3   大型天然气田成藏条件分析

根据石油地质基本理论,含油气盆地能够形成并发生商业性油气聚集而形成油气田,必然是具备了生、储、盖、圈、运、保六大地质要素。然而,在这六大要素具备的情况下,为什么有的形成了大油田而有的形成了大的天然气田呢?

通过六十多年的勘探开发实践,在"陆相生油理论"指导下渤海湾盆地发现了一系列大油田,发现的油气储量一直以原油为主,已建成胜利、辽河、大港、华北、冀东、中原、渤海七大油区,成为我国最主要的含油气盆地之一,其原油储量及产量均占全国总量的三分之一以上。天然气伴随着原油的勘探也有所发现,主要集中在下辽河拗陷、辽东湾拗陷、渤中拗陷、黄骅拗陷等区域(薛永安,2014)。

通过仔细对比研究渤海湾盆地 61 个凹(洼)陷沉积与构造特征,发现富油少气是由渤海湾陆相断陷湖盆基本地质特征决定的:①烃源岩主要为古近系中-深湖相泥岩,有机质丰度为 1.3%～5.1%,平均值为 3%,有机质类型主要为 II_{2}-II_{1} 型,较传统的Ⅲ型生气干酪根来看,渤海湾盆地烃源岩埋深一般达不到原油裂解温度,更易生油,同时伴生有天然气生成(赵贤正和张万选,1991;王涛,1997;戴金星等,1997b;王庭斌,2005;薛永安等,2007;王根照和夏庆龙,2009),前新生界的石炭系—二叠系等煤系地层残留少,烃源岩分布有限,生气规模小。烃源岩的基础导致渤海湾盆地生成的天然气与原油相比是次要的。②复杂陆相断陷湖盆的天然气封盖条件较差,一方面由于地层主要为陆相沉积,相变快,一般不发育区域性膏盐层,无法保证生成的天然气能够得到有效保存(王晓伏等,2009;朱伟林,2009;魏国齐等,2013;马新华等,2019);另一方面,断裂极其发育,特别是新生代走滑拉张断裂的强烈活动,造成盖层破坏程度高,生成的天然气更容易逸散(李德生,1980;漆家福等,1995;侯贵廷等,2001;龚再升和王国纯,2001;龚再升,2004;李三忠等,2010)。气源及封盖条件导致生成的一定量的天然气在渤海湾盆地大部分地区无法有效聚集,或者只能聚集形成中小型天然气田。

虽然渤海湾陆相断陷盆地大气田形成条件苛刻,但通过多年持续攻关,深化大型天然气成藏动力、构造和沉积等研究,认为在某些构造、沉积特殊的区域,如区域性超压泥岩"被子"、烃源岩晚期快速熟化高强度生气、大规模储集体发育的地区，也可以形成大型天然气田，这也是湖盆大规模成气理论的核心认识。

2.3.1　区域性盖层分布与特征

戴金星等(2002)研究指出，天然气的组分简单，其分子、密度、黏度和吸附能力都比较小，故具有运移快、易溶解、易扩散和易挥发的特点。因此，成藏期早的气田，特别是大气田，若无气源继续补充，往往随着时间的增长，就由大气田变为中小型气田，甚至难以保存。大气田中烃类气体的浓度和温度相对于上覆地层较高，无论盖层质量如何都会发生逸散(郝石生，1994；Otroleva，1994；戴金星等，2003)，储量变小。张义纲教授通过实验证明，鄂尔多斯盆地刘家庄气田目前是一个储量仅为 $1.9×10^8m^3$ 的小气田，但近 50Ma 前却是一个储量 $454×10^8m^3$ 的大气田，近 50Ma 中由扩散散失的天然气量相当于该气田目前储量的 238 倍(张义纲，1991)。根据 Smith(1966)的研究，地下不同深度甲烷的运移速度均为丁烷运移速度的 2 倍，因此认为天然气分子在同等条件下比原油的运移速度快得多(Otroleva，1994)。以上学者的研究成果均表明天然气的运移散失速度比原油快得多，盖层质量要求极高，导致大型天然气田主要位于保存条件极好的构造稳定区，或者厚层膏泥岩盖层的构造活动区(康竹林，2000；贾承造等，2002；戴金星等，2002；薛永安等，2007)(表 2-3)。例如波斯湾巨型 North 气田不仅处于构造稳定区，同

表 2-3　国内外大中型气田的盖层特征表(据薛永安，2014 文献资料补充)

序号	盆地	气田	盖层特征	构造特征	储量规模
1		兴隆台	E_3s_1 和 E_3d 泥岩，厚度 500～1000m	复式断块，总体具有背斜形态	天然气 $171×10^8m^3$
2		锦州 20-2	主要为 E_3d 泥岩，厚度 324～530m	低潜山披覆构造	天然气 $144×10^8m^3$、凝析油 $399×10^4t$
3		板桥	E_3S_1 的大套泥岩，厚度 320～400m	半背斜构造，局部为垒块、鼻状构造	天然气 $242×10^8m^3$
4		白庙	Es 泥岩，厚度 300～700m	半背斜、逆牵引构造	天然气 $126×10^8m^3$
5	渤海湾盆地	曹妃甸 18-2	E_3d_3 的大套泥岩，厚度 450～760m	潜山披覆构造	天然气 $54×10^8m^3$、凝析油 $347×10^4t$
6		渤中 28-1	E_3d_1 泥岩，厚度 270～420m	潜山断块构造	天然气 $87×10^8m^3$、凝析油 $294×10^4t$
7		渤中 13-1	E_3d_3 泥岩，厚度 300～600m	潜山披覆背斜构造	原油 $522×10^4t$、天然气 $50×10^8m^3$
8		千米桥	Mz 泥岩、凝灰岩，厚度 310～400m	潜山背斜	天然气 $242×10^8m^3$
9		苏桥-文安	C—P 吕土岩及 Mz 泥岩，厚度 300～400m	单斜块断构造	天然气 $109×10^8m^3$
10		文 23	E_2s_{3+4} 膏盐层夹泥岩，厚度大而分布稳定	盐拱背斜	天然气 $154×10^8m^3$
11	四川盆地	库车拗陷克拉 2	古近系盐岩、膏泥岩，厚度超过 400m	背斜构造	天然气 $2840×10^8m^3$
12		普光气田	嘉陵江组、飞仙关组和雷口坡组膏盐，厚度超过 200m	鼻状构造	天然气 $4121×10^8m^3$
13	西西伯利亚盆地	Urengoy 气田	上白垩统土仑阶和古新统泥岩，总厚度可达 670m	复式长垣构造带	天然气 $13.5×10^{12}m^3$、凝析油 $57.4×10^8t$，原油 $17×10^8t$

时发育多套巨厚的膏盐盖层,保存条件优越;天然气储量巨大的西西伯利亚盆地 Urengoy 气田和澳大利亚西北陆架 Gorgon 气田处于构造稳定的克拉通盆地;国内塔里木盆地库车拗陷克拉 2 气田和四川盆地普光气田虽然位于构造活动区,但有区域分布的膏盐盖层,最大膏盐厚度分别可达 1000m 和 500m,保存条件较好。

我国不同盆地的天然气富集程度不同,对比研究这些地区大气田的盖层条件有助于分析何种盖层条件有利于天然气富集。到目前为止,我国发现的天然气最富集的盆地有塔里木、四川、鄂尔多斯、莺歌海等盆地。

塔里木盆地是近年来我国天然气勘探发现最有效的地区之一,其中克拉 2 等一批大气田的发现为西气东输奠定了坚实的基础。该盆地库车凹陷是其最主要的天然气富集凹陷。据赵靖舟和李秀荣(2002)研究,该区存在五套优质区域盖层,其中三套是膏岩优质盖层。著名的克拉 2 号大气田以古近系及白垩系为储层,其上覆巨厚(474m)且分布广的古近系膏岩地层,形成极好的优质盖层,而且由于此类盖层的塑性特征,即使有构造活动存在,断层活动也不能破坏它的封盖性能,因此保存了克拉 2 号这一高压、高产、高丰度的大气田。该套膏岩盖层平面分布广,一般厚度 100~600m,不但是克拉 2 号主力气藏的盖层,而且还是玉东 2 号、英买力 7、羊塔克、红旗、牙哈、提尔根等气田的盖层,封盖了全盆地 60% 以上的天然气地质储量(康竹林,2000)。而发育高压异常的下石炭系泥岩在塔中地区也是一套优质盖层,平均厚度 400m,是和田、塔中 6 号、吉拉克等大中型气田的盖层。塔里木盆地大中型气田盖层主要为两类:分布稳定、厚度大的膏岩及异常高压的泥岩。

鄂尔多斯盆地目前也是我国最主要的天然气产区,发现了长庆、苏里格等一系列储量超过千亿立方米的大型气田。研究表明,该盆地天然气异常富集与其盖层特殊性有很大关系。该盆地盖层有区域性及局部性之分,其区域性盖层是二叠系石千峰组和石河子组湖相泥岩,该段在上覆二叠系沉积后普遍发育压力过剩,至白垩系,过剩压力达到 20MPa,形成了古生界气藏的良好区域盖层;而石炭系本溪组铝土质泥岩则是气藏间接盖层。在奥陶系内部发育的泥质硬石膏是局部盖层。由此可见,该盆地气藏主要盖层有高压异常泥岩、铝土质泥岩与石膏。

四川盆地是我国最早开始天然气勘探的盆地,在塔里木、鄂尔多斯等盆地天然气大发现之前,一直是我国最主要的天然气产区。近年来,中国石油天然气集团有限公司(简称中国石油)、中国石油化工集团有限公司(简称中国石化)两大石油公司又相继发现了普光、龙岗等大型气田。在四川盆地,发现的主要天然气田多位于川东地区,包括十几个大中型级别。川东地区的储层主要是上石炭系,其直接盖层为下二叠系梁山组泥岩,而区域盖层为厚近千米的二叠系、二叠系石膏质泥岩、硬石膏(康竹林,2000)。由此可见,四川盆地与我国其他盆地一样,天然气盖层为膏岩及高压异常泥岩。

综上所述,我国目前主要发现大型天然气田的盆地区域盖层均不同于一般的油型盆地,具有特殊性,共有两类:高压异常泥岩、膏岩(有些地区是铝土矿)。一般泥岩盖层不能成为大型天然气田的主要盖层。这一分析成果与前述渤海湾盆地 10 个主要气田盖层完全一致。与上述盆地相比,渤海湾盆地的特殊性在于:①陆相沉积,岩性横向变化快,有时几十米之外岩性就发生很大变化;②断裂复杂,地层破坏程度高,有时 1000m 内发育数条断层。因此,渤海湾盆地对盖层的要求就更高。在渤海湾盆地新生界一般膏岩地层不太发育。

对泥岩盖层而言，高压异常泥岩段的出现说明该段泥岩分布稳定且厚度大，在横向上并没有被断层破坏。因此必须要有一定厚度的高压异常泥岩的封盖，才能保证在较大范围内(至少从生烃中心到构造区)存在优质的区域盖层分布，将天然气控制在其下运移汇聚，并防止成藏后天然气向上以较快的速度扩散。薛永安等(2007)将分布面积较广、厚度较大的高压异常泥岩带(局部地区包括特殊岩性地层，如膏岩、前新生界等)简称"泥岩被子"。

渤海湾盆地虽然没有区域性的膏岩盖层，但发育古近系沙河街组、东营组厚层泥岩，且具有超压，形成了良好的保存条件。由表 2-4、表 2-5 可知，我国几个主要含油气盆地的天然气盖层大多形成于湖相环境中，少量形成于海相和泛滥平原环境中；盖层的厚度多数大于 100m。渤海湾盆地沙三段、东二下段—东三段主要为裂陷期半深湖—深湖相环境，在水体深、水动力条件弱的沉积环境下，沉积的泥岩质纯，分布面积广，厚度大，是高

表 2-4　我国主要含油气盆地天然气盖层的沉积环境特征

盆地	盖层岩石类型	沉积环境	气藏举例
四川	蒸发岩类、泥质岩类	滨浅湖相、较深湖相、海相	中坝、卧龙河、威远、普光
鄂尔多斯	铝土岩、蒸发岩、煤层、泥岩	浅湖—半深湖相	胜利井、林家湾、靖边
琼东南	泥质岩类	滨浅湖相	崖 13-1
松辽	泥质岩类	深湖—半深湖相	红岗、汪家屯、四五家子
渤海湾陆上	蒸发岩类、泥质岩、煤岩	盐湖相、半深湖相、滨浅湖	文留、苏桥
渤海湾海域	泥岩类	半深湖—深湖相	渤中 19-6
塔里木	蒸发岩类、泥岩	滨浅湖相、潮坪、闭塞台地	柯克亚、达里亚、克拉 2
柴达木	蒸发岩、泥岩	浅湖、半深湖相	涩北
准噶尔	泥岩类	泛滥平原	马庄

表 2-5　我国主要含油气盆地盖层厚度特征

盆地(拗陷)		典型气藏	盖层厚度/m
四川		卧龙河	200～500
		宋家场	30～100
		威远	50～300
鄂尔多斯		靖边	20～60
琼东南		崖 13-1	290～370
松辽		汪家屯	30～110
柴达木		涩北	250～500
渤海湾	辽河	兴隆台	40～500
	黄骅	板桥	100～400
	东濮	文留	100～200
	冀中	苏桥	100～270
	渤海海域	锦州 20-2	200～500
		锦州 25-1 南	200～400
		曹妃甸 18-2	200～400
		渤中 19-6	270～500
塔里木		柯克亚	200～300
		克拉 2	50～150

质量的区域盖层形成的有利环境,其盖层平均厚度为500m,最厚的地方超过2500m,巨厚泥岩盖层稳定连续分布,在欠压实和晚期生烃的共同作用下,发育超压,压力系数为1.2~2.0,排替压力值分布范围为4.81~27.91MPa,平均值高达10.24MPa,在潜山之上形成了良好的区域盖层(王英民等,1998;蒋有录和查明,2010)。

这套超压泥岩盖层受晚期断裂活动强度及含砂率控制,在盆地内差异性分布。渤海湾盆地虽然整体断裂活动强烈,但早晚两期特征明显。东营组沉积前主要是断陷期,凹陷内部断裂发育。新近系时期断裂重新活跃,但活动强度差异大,有些凹陷如南堡、岐口、黄河口凹陷等地区,晚期活动强,断穿东营组,超压泥岩盖层被破坏不能区域性分布;有些凹陷如渤中凹陷虽然晚期断裂发育,但这套超压地层未被断穿,区域超压泥岩"被子"保存下来,作为天然气的优质封盖层;还有一类如辽东湾凹陷,晚期断裂基本不活跃,区域超压泥岩"被子"也就被保存下来,从而成为保护其下沙河街组—潜山天然气藏的有效盖层。另外受东营组地层含砂率影响,凸起、低凸起附近砂岩百分含量高,泥岩厚度小,使超压生成、保存受到影响。

以辽中凹陷为例,区域超压泥岩盖层对其油气分布的控制作用明显。辽中凹陷南北烃源岩差异较小,其母质类型均为II$_1$-II$_2$型干酪根,埋藏史及现今埋深相近,生气强度类似。但勘探结果表明北部富气,发现了锦州20-2凝析气田和带气顶的锦州25-1S油气田;而南部富油,没有发现气田。研究表明:潜山上覆的古近系区域盖层的差异分布导致辽东湾南北成藏的差异。北部古近系以厚层泥岩为主,其中发育超压异常,压力系数介于1.2~1.8,形成一套覆盖于生油岩之上的厚厚"被子",油气难以垂向运移,只有侧向运移到凸起高部位形成天然气藏;南部洼陷古近系为砂泥互层沉积为主,压力系数较小,天然气难以在潜山保存,没有形成大规模的潜山气藏。

2.3.2　规模性生气强度

天然气相对原油而言易溶解、扩散、挥发。这就要求大规模气藏不但要有优质的封盖条件、较高的生气强度,还必须要有充足的、持续的气源供给(赵贤正和张万选,1991;卢双舫等,2002;罗晓容,2003;柳广第等,2005),特别是晚期快速的集中供给。戴金星等(1997b)研究表明,生气强度大于$20 \times 10^8 m^3/km^2$是形成大中型气田所应具备的生气条件,并且生气强度越大,主生气期越晚,越有利于形成大气田。与国内外气型盆地相比较,渤海湾盆地埋深一般,主要气源层为沙河街组,有机质丰度平均值为3%,有机质类型主要为II$_2$-II$_1$型,较传统的III型生气干酪根来看,渤海湾盆地更易生油,整体生气量难以与海相、西部煤系地层相比,且渤海湾盆地晚期构造活动强烈,天然气更容易遭受破坏导致散失。因此,晚期的快速熟化高强度生气成为大气田形成的重要条件。

渤海湾盆地由于经历了多期构造抬升剥蚀(李德生,1980;漆家福等,1995;王国纯,1998;侯贵廷等,2001;李三忠等,2010;王德英等,2012),不同凹陷不同时期烃源岩埋深存在巨大的差异性,优质烃源岩的热演化程度就控制了凹陷的生气量(赵贤正和张万选,1991;戴金星,1997b;王涛,1997;王庭斌,2005;薛永安等,2007;王根照和夏庆龙,2009)。同时,晚期构造活动强烈,对气藏破坏作用明显(龚再升和王国纯,2001;龚再升,2004),因此,高强度的生气时间就成了能否形成大规模气藏的主控因素之一。

　　受新构造运动影响，渤海湾盆地晚期快速沉降，有利于气源岩的晚期快速熟化。渤中、歧口、秦南等凹陷晚期快速沉降，沉降速率超过 200m/Ma，相应的烃源岩熟化速率超过 0.25%/Ma。特别是渤中凹陷，在沙三段、沙一二沉积时期，其地层总体厚度稳定，东营组时期郯庐断裂带的右行走滑活动已全面进行，地幔作用的主动伸展与右行走滑拉分形成的被动伸展作用共同促使渤中凹陷快速沉降，使其沉降速率比前期显著增大，渤中凹陷主洼沉积地层厚度超过 3500m。新近纪以来，渤海湾盆地转为裂后热沉降拗陷阶段，沉积中心收敛至渤中凹陷(卢双舫等，2002；柳广第等，2005)，5.1Ma 以来沉积速率高达 320m/Ma(图 2-3)，该阶段沉积厚度可达 3000m，表明晚期快速沉降。由于该时期的快速沉积，加速了沙河街组烃源岩的埋深，促使烃源岩热演化程度加快，渤中凹陷烃源岩熟化速率高达 0.41%/Ma(图 2-3)。结合黄金管热模拟实验结果分析，5.1Ma 以前，烃源岩生气量仅占总生气量的 16.6%，而 5.1Ma 至今，生气量占总生气量的 83.4%，是早期生气量的 5 倍(图 2-4)，证实这种晚期的快速沉积沉降加速了烃源岩的热演化程度，有利于晚期大规模生气。利用热模拟结果及盆模分析，5.1Ma 时期渤中凹陷、辽中凹陷、歧口凹陷、秦南凹陷等生气强度超过 $20 \times 10^8 m^3/km^2$。其中渤中凹陷高达$(50 \sim 200) \times 10^8 m^3/km^2$。该时期大量产气与东营组超压形成时间、区域成藏时间相匹配，使晚期生成的大量天然气容易在这套区域超压盖层下聚集、保存大规模成藏。

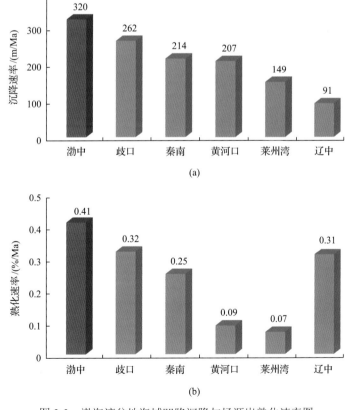

(a)

(b)

图 2-3　渤海湾盆地海域凹陷沉降与烃源岩熟化速率图

(a)渤海湾盆地海域凹陷 5.1Ma 年以来沉降速率图；(b)渤海湾盆地海域凹陷 5.1Ma 年以来烃源岩熟化速率图

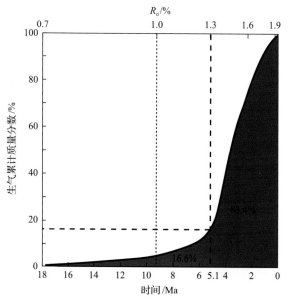

图 2-4　渤中凹陷生气模式图

2.3.3　规模性储集体类型与特征

大型天然气藏一般以"盖下型"为主,埋藏较深(薛永安等,2007)。国内外大型天然气田储集体主要为花岗岩、火山岩、碳酸盐、变质岩等基岩,少见碎屑岩气藏(表2-6)。

表 2-6　国内外大中型气田的储集岩类型

序号	油气田	储层岩性	基本特征	储层厚度
1	苏伊士海湾 ZEIT BAY 基岩潜山油气田	石英闪长岩、花岗闪长岩、正常花岗岩、碱性花岗岩、安山斑岩	储集空间主要为裂缝,发育程度主要取决于断裂、成岩作用及岩脉和角砾化带的倾角和方向	油层厚度达 295m,气层厚度约 70m
2	中非裂谷 Bonger 裂谷盆地群	碎裂混合花岗岩、粉红色混合花岗岩、粉红杂黑色正长岩	储集空间主要为裂缝、溶蚀孔隙,发育风化壳、裂缝储层,具有"似层状"的特征,构成了基岩储层的双层结构	300m 以上
3	越南白虎 Bach Ho 油田	未蚀变酸性火成岩(花岗岩和花岗闪长岩)	储集空间主要为裂缝,溶蚀孔隙,垂向可分三个带:顶部强破碎带为优质储层;下部两个带相对形变较小,储层相对较差	潜山储层厚度达 150m,风化壳厚度达 300m
4	印度尼西亚 Jatibarang 油气田	断裂火山岩,包括熔岩(安山岩/玄武岩)、凝灰岩、火山角砾岩和集块岩	储集空间主要为裂缝、粒间孔和晶间孔,储层具有非均质性强、裂缝发育的特点	气层厚度 1200m
5	准噶尔克拉美丽油潜山气田	中基性玄武岩、安山岩和少量酸性流纹岩、火山碎屑岩及正长斑岩等浅成侵入岩	储集空间主要为次生溶蚀孔隙和构造裂缝。火山角砾岩和玄武岩构成优质储层	约 250m
6	松辽盆地徐深气田	火山熔岩和火山碎屑岩	储集空间主要为气孔、溶蚀孔洞和裂缝。其中裂缝一般以高角度缝和网状缝为主	70～400m
7	冀中拗陷任丘油田	藻团粒粉晶-中晶白云岩、叠层石白云岩、凝块石白云岩	储集空间主要为溶蚀孔洞、裂隙。孔洞发育的中-亮晶藻白云岩和角砾岩为优质储层,裂隙、微裂隙型微晶—中晶白云岩次之	
8	锦州 25-1 南油田	主要为片麻岩、碎裂岩,变质花岗岩	储集空间主要是裂缝、溶孔和微裂缝。其中构造裂缝最为发育,其次为碎裂质的粒间孔隙和溶蚀孔隙	储层厚度小于 300m

渤海湾盆地富生气凹陷东营组超压盖层埋深一般超过 3000m，下覆沙河街组陆相碎屑岩在此深度下受深埋成岩作用，储层物性较差，有效孔隙度、渗透率较小。另外，沙河街组断陷阶段主要以近源快速扇三角洲沉积为主，虽然有一定厚度，但是孔隙度、面积都不占优势，很难形成大规模储集空间。碳酸盐岩、火山岩和变质岩潜山储层受埋深影响较小，遭受多期构造抬升剥蚀，大气淡水、深部流体的溶蚀改造(李振铎等，1998；马启富和陈思忠，2000；李思田，2004)，使潜山风化壳及内幕裂缝大量发育，为大规模成气提供充足的储集空间。

潜山储层的发育程度受控于基岩岩石类型、构造应力造缝程度、深浅部流体溶蚀改造的强度，构造是其主控因素，岩石类型是潜山储层发育的基础。陆相湖盆潜山一般经历多期构造改造，多期构造作用是潜山风化、裂缝型储层发育的关键。多期构造运动一方面使岩石出露地表遭受风化成储，更重要的是由于多期多向构造应力作用，岩石和矿物发生不同程度的破碎，形成不同走向的裂缝，为后期油气聚集提供良好的储集场所。强烈构造运动发育的大型断裂沟通地幔，使多元流体对风化壳和内幕裂缝储层发育起到强化作用。多元流体改造储层主要包括两类，即地表大气水的淡水淋滤作用和深部二氧化碳、烃类流体的溶蚀作用。长期暴露于地表的基岩岩石遭受了风化、剥蚀，尤其在潜山顶部和平缓部位，极易形成厚层风化壳，形成优质储层。深部流体的注入对潜山储层也具有重要改善作用。深部流体类型主要有幔源 CO_2、烃类流体、岩浆热液等，对早期裂缝再活化形成沿裂缝的溶蚀扩大孔具有重要意义(李振铎等，1998；李思田，2004)。

渤海湾盆地太古界变质岩潜山以富长英(长石和石英)质组分为特色，主要岩石类型有斜长片麻岩、变质花岗岩、混合片麻岩、混合花岗岩、变粒岩等(马启富和陈思忠，2000；薛永安和李慧勇，2018；徐长贵等，2019)，表现出强烈的脆性，这类岩石对多期应力的响应表现为不同方向裂缝的交叉与复合，奠定了潜山内幕裂缝储层缝网化的基础。印支期以来的多期构造运动控制了太古界变质岩潜山裂缝型储层的形成(薛永安，2019)，印支期受扬子板块与华北板块碰撞影响，产生大量近北西西向逆冲断层，发育大量近北西西向挤压裂缝；燕山期受太平洋板块沿北北西向向东亚大陆俯冲，郯庐断裂发生左旋挤压，派生出大量北东向挤压裂缝；喜马拉雅早期地幔柱活动引起盆地裂陷，形成大量近南北向张性断层，进而派生出近东西向拉张裂缝，发育 3 期构造裂缝，形成 3 组裂缝体系。潜山不仅发育上部风化壳储层，还可发育巨厚的内幕裂缝段，整体构成了变质岩储集体巨大的储集空间。

上述分析表明，在渤海湾陆相断陷湖盆，以晚期快速熟化沙河街组气源岩为主，超压泥岩强封闭地区，有大规模潜山储层发育条件下极利于形成大型天然气藏。

2.4　大中型天然气田成藏模式

渤海湾油型盆地东营组超压泥岩地层的存在，使伴随原油生成的一定量的天然气能够在这套超压层下侧向运移汇聚到低潜山的储层中不逸散，从而形成大气田。而在有些凹陷，该套东营组地层相对富砂，或厚层泥岩被后期断裂破坏无超压"被子"，则主要形成油藏，甚至是稠油油藏或中小型气藏。一般在低潜山位置天然气聚集形成大气田，中位潜山形成小气田或油气共存的油气田，而在高潜山形成大型油田(图2-5)。压力系数表明一般东营组的泥岩厚度超过300m，压力系数超过1.3更容易形成气藏。

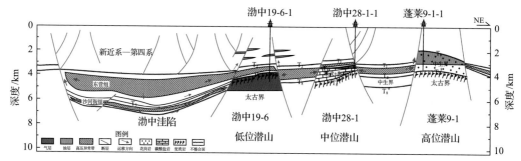

图2-5　陆相盆地潜山油气成藏模式图

渤海湾盆地大小凹陷六十余个，分布于陆地和海域的七大油区。按照上述形成条件，结合勘探实践可划分为四种天然气富集贫化模式。

(1)区域超压泥岩型富集模式。

在腐殖型或高成熟腐泥型较强的生气凹陷中心及围区，生油岩之上的东营组(沙河街组)沉积了巨厚、平面广布的具超有压的泥岩"被子"，且未被晚期断裂破坏，超压晚期持续发育，将古近系形成的天然气强封闭控制在这一特殊盖层之下横向运移至储层中，天然气在此超压盖层下以侧向运移为主，不易散失，可形成大型"盖下型"天然气藏。在凹陷内发育的低潜山，由于临近凹陷的"被子"发育，使大量天然气强充注，可形成较大型气藏[图2-6(a)]。以海域辽东湾北区、渤中凹陷等地区为特征。

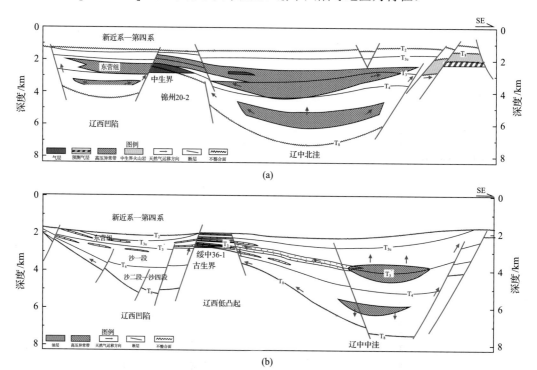

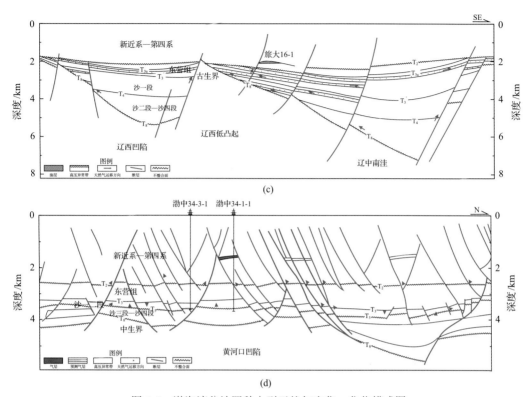

图 2-6　渤海湾盆地四种大型天然气富集、贫化模式图

(a)区域超压泥岩"被子"发育天然气富集型；(b)局部超压泥岩盖层无"被子"天然气贫化型；(c)过饱和沉积无超压泥岩"被子"天然气贫化型；(d)区域超压泥岩"被子"破裂天然气贫化型

区域超压泥岩型富集模式的典型代表是渤海海域锦州 20-2 凝析气田。锦州 20-2 凝析气田位于辽东湾地区辽西低凸起北段，其东侧以斜坡向辽中过渡，西侧以大断层与辽西凹陷为临，探明天然气地质储量 $135×10^8m^3$，凝析油地质储量 $332×10^4m^3$。该气田主要储层是沙河街组砂砾岩、陆屑白云岩及其下伏元古界混合花岗岩地层；气藏上覆巨厚的(400～600m)、分布稳定的东营组泥岩带，盖层内部广泛发育异常高压，压力系数最大超过 1.7，该异常高压泥岩带从辽中凹陷穿越辽西低凸起一直延伸到辽西凹陷，分布广、厚度大(凹陷内 500～1000m)，锦州(JZ)20-2 凝析气田位于其中部[图 2-6(a)]。

正是由于该气田处于这样一个特殊的构造位置，不但保证了辽中凹陷深凹中生成的大量天然气及凝析油在没有大量垂向运移的情况下，通过沙河街组砂岩及 T_8 不整合面就近快速运移至该构造成藏，而且保证了其后漫长的地质历史时期天然气向上散失较少，并源源不断地得到凹陷中持续生成天然气的后续补充，因此形成了锦州 20-2 这一渤海海域较大的凝析气田。而周边陆地板桥、兴隆台等气田亦有异曲同工之妙，这些气田都是渤海湾盆地目前发现的较大的天然气田。

(2)局部超压泥岩型贫化模式。

东营组(沙河街组)沉积泥岩虽然广泛分布，但在斜坡部位，远源水系发育，以砂泥岩互层为主，由于斜坡砂体的疏导作用，沉积压实过程中的流体能够及时排出，只在洼陷中心部位富泥区发育超压泥岩，区域性的强封盖作用不存在。天然气在凹陷中就以垂向运移散失为主。该类型东营组泥岩不能封闭大量天然气，但可以封闭原油，形成大中型油田。以辽东湾中部为代表[图 2-6(b)]。

(3)富砂沉积洼陷型贫化模式。

生油岩形成后拗陷阶段东营组沉积时期，物源供给充足区，洼陷内粗相带广泛分布，泥岩盖层不发育，几乎不能封盖天然气分子，原油的封盖能力也很有限，原油中的轻质组分散失多，形成稠油油藏。以辽东湾南区为代表[图 2-6(c)]。

(4)晚期断裂强发育型贫化模式。

在较强生气凹陷中心及围区，虽然东营组(沙河街组)沉积很厚的泥岩，但是晚期断裂活动强烈，断穿层位深，分布范围广，凹陷内及斜坡部位泥岩盖层都被断开，从而无法形成区域性超压泥岩"被子"，同样难以将其下古近系形成的天然气控制在特殊盖层之下横向运移至储层中，天然气分子垂向逸散为主，部分在新近系聚集形成"盖上型"气藏，但规模较小。天然气大量散失，不能形成大型天然气田，同样是天然气贫化型凹陷。以黄河口凹陷为特征[图 2-6(d)]。

晚期断裂强发育型贫化模式的典型代表是渤中 29-4 油气田，其位于渤海海域黄河口凹陷西北缘，渤南凸起大断层的下降盘，东南过渡到黄河口凹陷，西北以大断层与渤南凸起相隔。该构造目前发现天然气 $30\times10^{8}m^{3}$，原油 $4072.11\times10^{4}m^{3}$。该构造具有一定的披覆性质，晚期由于大断层活动强烈，造成反向断层发育，并使浅层构造进一步发育定型。该构造主要目的层是新近系明化镇组，具有良好的储盖组合，但盖层即明下段 200多米的泥岩没有高压异常发育，不具备大型天然气田形成的特殊盖层；其下伏地层为东营组、沙河街组，由于断裂发育亦没有高压异常。沙河街组生成的油气沿着大断层直接向上运移，进入明化镇组的储层中，但由于没有良好的区域性高压异常形成的"特殊盖层"的阻挡，天然气突破明下段 200多米的泥岩向上运移散失。这一过程至今还在发生，造成剖面上明显的"气烟筒"现象(图 2-7)。也就是说，由于渤中 29-4 油气田没有"特殊盖层"，尽管该构造面积较大，储层发育，天然气运移通道良好，但未能使大量天然气聚集起来形成大型气藏，造成该油气田天然气规模不大，但有较大规模油藏保存成藏。此油气田的形成过程也进一步证明了"特殊盖层"在大型天然气田形成中的作用。

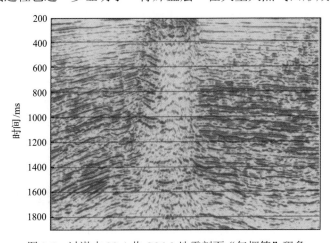

图 2-7　过渤中 29-4 井 G86-2 地震剖面"气烟筒"现象

2.5　"湖盆成气"理论

基于渤海湾盆地勘探实践成果，结合国内外气田类比剖析，从成藏动力、构造和沉积 3 个方面开展大型天然气藏形成条件研究，提出了"湖盆成气"理论，即"一个核心要素和两个关键要素"。

一个核心要素即古近系区域性超压泥岩"被子"强封盖。大气田中烃类气体的浓度和温度相对于上覆地层较高，容易逸散。此外，天然气的运移散失速度比原油快得多。因此，大型天然气田主要位于保存条件极好的构造稳定区，或者厚层膏泥岩盖层的构造活动区。对于渤海湾盆地而言，虽然构造活动强烈，区域大型厚层膏泥岩欠发育，但古近系沙河街组、东营组发育厚层超压泥岩"被子"，可成为大规模天然气保存的良好盖层。此即油型湖盆大型天然气藏形成的核心要素。

两个关键要素包括烃源岩晚期快速熟化高强度生气和大规模储集体。烃源岩高强度生气是天然气成藏最基本要素。天然气比原油易溶解、扩散和挥发。这就要求大规模气藏不但要有优质的封盖条件，还必须要有较高的生气强度和充足的、持续的气源供给，特别是晚期快速的集中供给。与国内外其他气型盆地相比较，渤海湾盆地更易生油，但渤海湾盆地一些凹陷因区域构造活动影响，晚期快速沉降导致烃源岩熟化速率高，可以高强度生气，为大型天然气藏的形成提供物质基础。大规模储集体可为大规模天然气的储存提供充足的储集空间。大型天然气藏一般以"盖下型"为主，埋藏较深。渤海湾盆地东营组超压盖层埋深一般均超过 3000m，其下覆储集体主要为潜山的变质岩、碳酸盐岩、火成岩及沙河街组的陆相碎屑岩。由于碳酸盐岩、火成岩和变质岩等潜山储集性能受埋深影响较小，遭受多期构造抬升剥蚀及大气淡水、深部流体的溶蚀改造，潜山风化壳及内幕裂缝大量发育，可成为大型天然气藏的规模储集体。

第 3 章　　渤中凹陷大型天然气田形成机理

3.1　渤中凹陷构造沉积演化

3.1.1　构造演化

渤海海域位于华北板块东部，为渤海湾盆地的重要组成部分，自结晶基底形成以来，受古亚洲洋、特提斯洋、古太平洋三大全球动力学体制控制（任纪舜，1994；邵济安等，1997；翟明国等，2003），经历了中元古代陆内裂陷槽、新元古—早古生代海侵稳定克拉通、晚古生代碰撞不稳定克拉通、三叠纪印支挤压造山、早—中侏罗世燕山早期褶皱挠曲、晚侏罗—早白垩世弧后伸展及新生代伸展-走滑复合改造等多阶段演化过程（侯贵廷等，2001；李三忠等，2010；赵利和李理，2016）。不同时期、不同方向的构造形迹纵横交错形成了渤海"立交桥式"构造格局。

1. 渤海前新生代多旋回构造演化过程

地层的沉积和削蚀是构造作用的结果，同时也记录了构造演化的信息。渤海基岩潜山内幕可以识别出五个主要构造不整合界面，包括前寒武系与下古生界、上古生界与中下侏罗统、中下侏罗统与上侏罗—下白垩统、上侏罗—下白垩统与新生界之间的角度不整合，以及下古生界与上古生界之间的平行不整合。据此，将渤海前新生界划分为三大构造层和六个构造亚层（图 3-1，表 3-1）：前寒武系构造层（包括变质结晶基底构造亚层、中新元古界构造亚层）、古生界构造层（下古生界构造亚层、上古生界构造亚层）、中生界构造层（中下侏罗统构造亚层、上侏罗—下白垩统构造亚层）。

通过对区域不整合界面和构造变形特征识别和解析，结合自结晶基底形成以来（赵国春等，2002），尤其是进入中新生代构造演化阶段以来，研究区经历频繁的构造体制转换和多个"挤压-拉张-挤压"构造旋回的区域背景（夏斌等，2006），将中新生代演化划分为印支、早燕山、中燕山、晚燕山、早喜马拉雅、晚喜马拉雅六个构造旋回（表 3-1）。

1) 印支旋回（T_3）

中三叠世末期—晚三叠世，古秦岭洋自东向西剪刀式闭合（刘少峰等，1999；孙晓猛等，2004），扬子板块与华北板块碰撞，在近南北方向的挤压作用下华北地区形成大量北西西或近东西向逆冲断层及背斜构造（李勇等，2006）。渤海及周缘印支旋回挤压构造形迹已被大量钻井和地震资料所揭示，表现为褶皱-冲断作用，形成成排分布的近东西向铲式逆冲断层，如新港、海一、石南、沙南、埕北、车镇、埕中、黄北断层等[图 3-2(a)，图 3-3]。

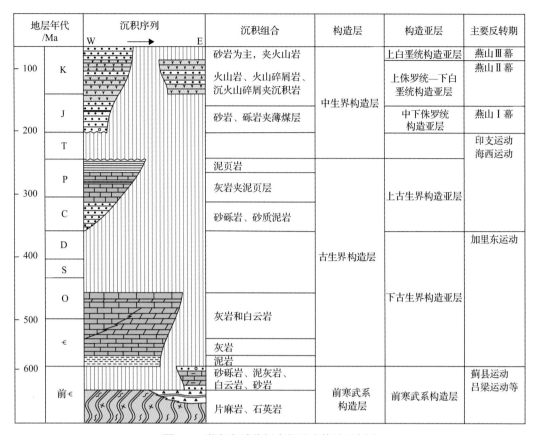

图 3-1　渤海海域前新生代基底构造层划分

表 3-1　渤海海域构造旋回划分及特征

构造旋回	地质时代	构造应力场	演化阶段	构造体系域
印支旋回	三叠纪(T)	近南北挤压	持续挤压造山	特提斯洋构造体系域
早燕山旋回	早中侏罗世(J_{1-2})	北西向挤压	挤压造山和局部挠曲沉积	滨太平洋构造体系域
中燕山旋回	晚侏罗—早白垩世(J_3—K_1)	南北向拉张	陆内裂陷沉积	滨太平洋构造体系域
晚燕山旋回	晚白垩世(K_2)	南北挤压	挤压隆升剥蚀	滨太平洋构造体系域
早喜马拉雅旋回	古近纪(E)	南北拉张	陆内裂谷沉积	滨太平洋构造体系域
晚喜马拉雅旋回	新近纪(N)	构造平静期	热沉降拗陷沉积	滨太平洋构造体系域

2) 早燕山旋回(J_1—J_2)

早、中侏罗世，华北东部构造体制发生重大转折。一方面扬子板块碰撞后效应逐渐减弱，渤海湾地区近南北向冲断褶皱作用趋于停止(周小进等，2010)；另一方面由于北东向太平洋构造域的控制作用显著增强，滨太平洋构造域 NW-SE 向挤压开始显现，形成北东-南西向褶皱和断裂系统[图 3-2(b)，图 3-3]。

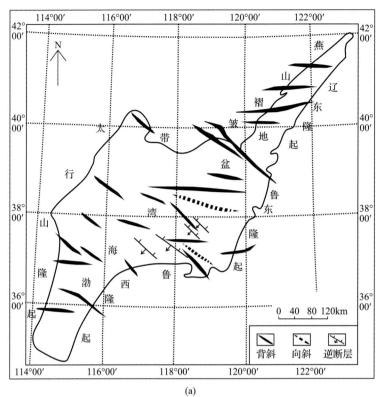

(a)

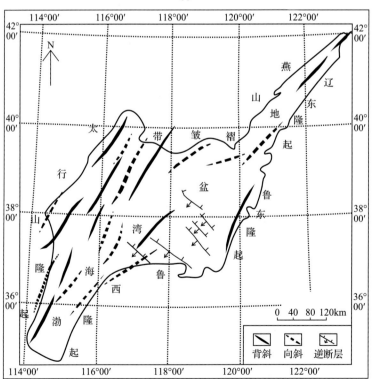

(b)

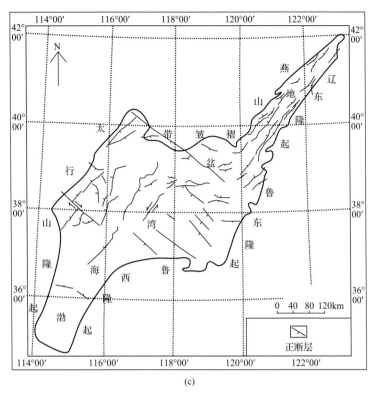

(c)

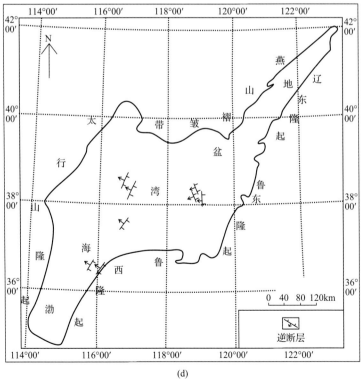

(d)

图 3-2　渤海湾盆地关键构造期断裂体系图(据李伟等，2010 略修改)

(a)印支期；(b)燕山早期；(c)燕山中期；(d)燕山晚期

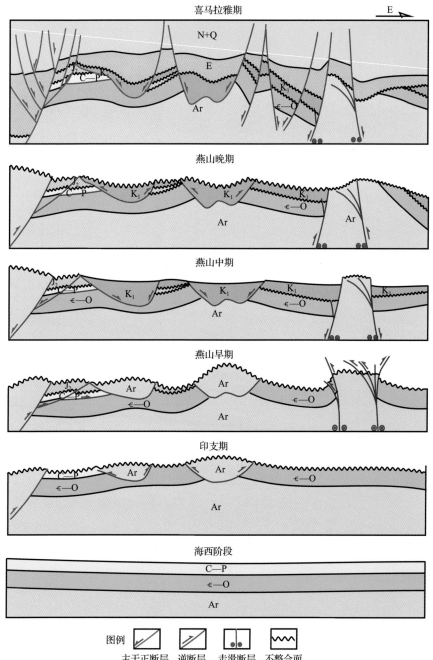

图 3-3　渤海海域前新生代构造演化史图

3）中燕山旋回（J_3—K_1）

晚侏罗—早白垩世，是华北东部又一次重要构造转折时期（李三忠等，2016）。随着伊泽奈岐-库拉板块向欧亚板块之下高速俯冲（徐嘉炜和马国锋，1992），渤海湾盆地挤压环境消失，取而代之以火山活动和裂陷伸展。受此影响，先存印支及早燕山旋回的逆冲断裂作为地壳中的薄弱带发生应力集中并产生伸展反转；另外，板块间斜向汇聚作用还形成北东-南西向左行剪切应力场，导致郯庐西支走滑断层左行张扭活化，并形成沙东断层等一组新生的北北东至近南北向左行正平移断层[图 3-2(c)，图 3-3]。

4) 晚燕山旋回(K_2)

晚白垩世，伊泽奈岐板块俯冲消亡，库拉-太平洋板块的洋中脊与欧亚大陆东缘发生碰撞并俯冲(孙卫东等，2008)，使华北弧后的扩张停止并产生挤压抬升剥蚀和逆冲推覆，造成所谓的"燕山晚期运动"，使渤海及邻区晚白垩世至古新世早期遭受区域隆升剥蚀均夷过程，基本缺失上白垩统和古新统，形成了古新世夷平地貌，局部发育规模较少的逆冲断裂等挤压构造[图 3-2(d)，图 3-3]。

2. 新生代盆地构造演化

诸多研究表明，渤海湾盆地形成于古近纪的主动裂陷作用，但区域应力场诱导的大型构造体系(如郯庐断裂带等)对盆地的演化同样具有重要影响(漆家福等，2008；朱光等，2001)，即其动力学过程既与深部地幔活动有关，又与板块边界活动的区域应力场有关，属于多动力复合叠加作用(许浚远和张凌云，2000；赵海玲等，2004)。

新生代重大岩石圈构造事件中，对渤海湾盆地起主导作用的是太平洋板块的俯冲作用。俯冲作用一方面促进深部地幔上拱，形成主动裂陷的伸展动力系统；另一方面斜向挤压岩石圈，使其产生右行剪切的走滑动力系统，二者构成了新生代渤海湾盆地地壳减薄、快速塌陷的动力学机制。

根据不整合面分隔的层序结构、沉积旋回及盆地沉降、构造变形等特征，可以将渤海海域新生代盆地构造演化过程划分为如图 3-4 所示的演化阶段和期次。

裂陷 I 幕中，受地幔上拱形成主动裂陷作用，渤海湾盆地内沿着北北东-北东向断裂和北西-北北西向断裂形成一系列断陷湖盆。渤中拗陷位于渤海湾新生代盆地区中部，其大部分地区并未参与大规模裂陷作用。

裂陷 I 幕结束后，经短暂的构造隆升，渤海湾盆地立刻进入范围和规模更大的裂陷 II 幕。在第一次裂陷的"拗断型"盆地的基础上，演化成为典型的断陷型盆地。前期多个孤立小湖盆相互连接，彼此串通联合成较大的断陷湖盆。与此同时，郯庐断裂带又开始右行张扭运动，控制局部洼陷的形成。

与裂陷 I 幕类似，裂陷 II 幕在主沉降期结束后，亦经历了短暂的抬升，造成沙三段顶部广泛的平行不整合和微角度不整合。随后渤海湾盆地进入相对构造宁静期，控沉积断层活动强度明显减弱。渤中凹陷及围区基底由此开始快速深埋的历程。

裂陷 III 幕大致于渐新世开始，此期郯庐断裂带的右行张扭活动显著增强，地幔作用导致的主动伸展与右行走滑拉分形成的被动伸展作用共同促使渤中地区沉降，致使其沉降速率和幅度比前期显著增大，渤中凹陷及周缘基岩潜山构造也随之进一步深埋。

渐新世末期渤海湾盆地的裂陷作用基本结束，相应发生区域隆升而使古近系遭到不同程度的剥蚀，形成区域性的广泛不整合面。新近纪以来，整个渤海湾盆地地区由断陷转为拗陷阶段。随着拗陷作用的持续进行，渤海湾盆地的沉积沉降中心收敛至渤中凹陷。由于新生代渤海湾盆地的裂陷强度的差异及沉积沉降中心的迁移，从而形成多种位序的潜山(图 3-5)。

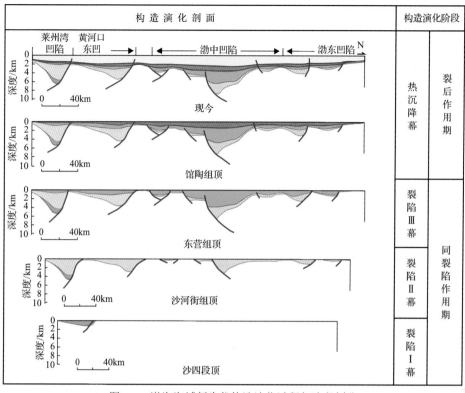

图 3-4　渤海海域新生代构造演化过程与阶段划分

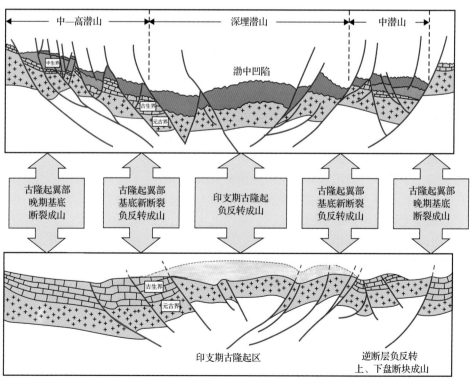

图 3-5　渤中地区差异沉降与不同位序潜山分布图

3.1.2　地层格架与沉积充填

渤海湾盆地是在结晶基底之上发育起来的"多旋回叠合改造盆地"；中生代以来，克拉通破坏，在前期克拉通残留盆地的基础上，形成了分割性强、岩相多变的陆相盆地（张善文等，2009；车自成等，2016）。

渤海湾盆地结晶基底岩性主要以太古界和下元古界变质岩系为主，主要有片麻岩、混合岩、片岩、变粒岩和浅粒岩等。渤海海域太古界变质岩除渤东地区外均有钻遇，下元古界在渤海海域钻遇较少，目前主要揭示于庙西北凸起（蓬莱 9-1 构造区），岩性以石英片岩、云母石英片岩为主，局部为动力作用形成的糜棱岩等。

中上元古界在渤海分布十分局限，目前仅有郯庐断裂以东少数的几口井钻遇，其下部主要为轻变质的板岩、千枚岩夹薄层变余石英细砂岩，上部为泥粉晶灰岩夹薄层板岩，并在板岩中发现了疑源类化石。

古生代伊始至中生代印支运动之前为克拉通演化阶段，渤海海域由老至新发育寒武系、奥陶系、石炭系、二叠系，缺失志留系、泥盆系和三叠系。渤海海域寒武系和奥陶系探井揭示较多，主要以碳酸盐岩夹碎屑岩沉积为主。上古生界石炭系和二叠系探井揭示较少，零星分布，主要分布在渤海海域西部。古生界残余地层分布范围相对性局限，郯庐走滑带东侧古生界几乎剥蚀殆尽，另外在沙垒田凸起、石臼坨凸起等凸起区也遭受了严重剥蚀。受印支期剥蚀作用影响，渤海南部古生界几乎剥蚀殆尽，其他地区古生界残留展布受到郯庐断裂的控制，埋深在 1400～5000m，最大地层残余厚度为 1200m 左右[图 3-6（a）]。由于印支期强烈的南北向挤压，古生界遭受强烈改造，再加上燕山期伸展反转，多见古生界秃底或薄底构造[图 3-6（b）]。

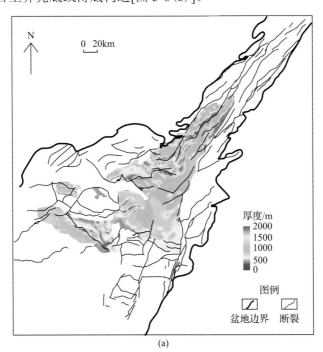

(a)

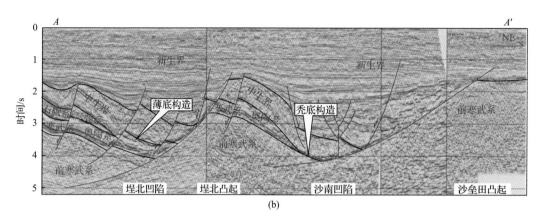

图 3-6　渤海海域古生界残余地层分布及负向结构剖面

渤海海域钻遇中生界的探井比较多，广泛分布整个渤海海域，钻遇的地层包括中下侏罗统及下白垩统。中下侏罗统岩性以碎屑岩为主夹煤线，下白垩统主要是以火成岩为主，部分碎屑岩，厚度变化比较大。辽东凸起、辽西凸起、辽西南凸起、石臼坨凸起、沙垒田凸起、渤南低凸起、庙西凸起等凸起区中生界缺失。整体来看中生界埋深在 900～4000m，最大地层厚度 3500m 以上，沉降中心位于渤中凹陷，其残余地层分布特征在一定程度上继承了古生界残余地层分布特征，在渤海南部呈近东西向分布，渤海北部受走滑作用改造明显(图 3-7)。

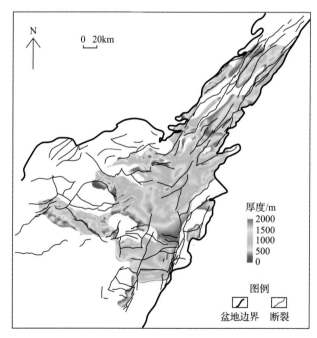

图 3-7　渤海海域残余中生界分布图

新生代时期，我国大陆东部发生区域性裂陷成盆和构造反转(马杏垣等，1983；葛肖虹等，2014)，这种区域性构造作用控制渤海海域凹陷结构及沉积充填。

(1)始新世孔店组—沙三段沉积期的伸展拉张裂陷阶段(65～38Ma)。就整个渤海湾盆地来说，在新生代古新世早中期普遍处于暴露剥蚀，而缺少同期地层沉积，至古新世晚期—始新世早期开始沉降接受沉积形成孔店组，进入盆地断陷期。整体来说，盆地在沙四段沉积期和孔店组沉积时期属于局部湖盆断陷期，沉积范围比较局限，主要发育干旱性扇体和盐湖沉积，统一的盆地还没有形成，各凹陷彼此分割，主要沉积体系类型是以冲积扇、近源湖底扇和扇三角洲沉积为主。至沙三段沉积期，盆地进入全面断陷伸展阶段，进入全盆地的广泛断陷期。该时期主要发育短源、内源扇三角洲、半深湖—深湖相湖底扇，滨浅湖相，局部见浊积扇沉积。

(2)渐新世沙一、二段沉积期的裂后热沉降拗陷阶段(38～32.8Ma)。沙三段沉积结束后，全区普遍发育一不整合面，代表了一次重大的构造事件，这次构造事件在盆地演化中具有重要的转折意义(黄雷等，2013)。之后盆地的充填类型发生了明显变化，这种变化揭示沙一、二段沉积不再具有典型断陷特征：沙一、二段无论是沉积厚度变化还是岩性在全区均变化很小，特别是沙一段以泥岩夹白云岩、生物灰岩为特征的"特殊岩性"段，全盆地可以追踪对比。沙一、二段扇三角洲减少，辫状河三角洲增多，钙质滩发育：沙一、二段沉积时期湖盆进入裂陷扩张期，以"水浅面广"为特征。该层序以发育近源辫状河三角洲为特点，局部发育湖底扇和扇三角洲，局部发育有碳酸盐岩台地相和滨浅湖滩坝相沉积。

(3)渐新世东营组沉积期裂陷阶段(32.8～24.6Ma)。东营组沉积时期，全区再次进入强烈的断陷期，构造沉降速率变大，湖盆扩大，加深；该期渤海也成为渤海湾盆地的断陷沉降中心，扇三角洲沉积体系和辫状河三角洲并存，各凹陷的深洼部位发育深湖—半深湖沉积，滨浅湖沉积分布于湖盆斜坡部位，在湖浪作用较强的地带发育砂质滩坝。

(4)馆陶组至明下段沉积期裂后热沉降阶段(24.6～5.1Ma)。东营组顶部发育一区域性不整合面，标志着古近纪裂陷期的结束，新近纪裂后热沉降拗陷期的开始，表现为24.6Ma以来大规模缓慢热沉降作用的发生。盆地充填整体表现为向心式广覆充填，沉积体系早期以网状河平原相、曲流河平原相、辫状河平原相为主，晚期出现滨浅湖相、湖湾沼泽相沉积，向四周为曲流河平原相、辫状河平原相沉积。明化镇组沉积时期，渤中、庙西、黄河口等凹陷发育滨浅湖相沉积，向四周仍为曲流河平原相、辫状河平原相沉积。从北、西、南三个方向向渤中、黄河口凹陷，馆陶组沉积存在冲积扇—辫状河—曲流河—湖相沉积序列，明下段具有洪泛平原—曲流河—湖相沉积的系列演化特点，从而形成渤海海域新近系独特的沉积特点和储盖组合条件。

(5)明上段沉积以来的构造再活动阶段(5.1Ma至今)。历经短暂的构造宁静期，渤海又进一步快速沉降，且沉积沉降中心明显向渤中地区迁移，导致明上段及第四系的地层沉积中心的迁移变化。明上段及第四系沉积体系以辫状河三角洲平原相、曲流河三角洲平原相、曲流河、浅水湖盆三角洲为主。

渤海湾盆地各个拗陷新生代总沉降幅度存在较大差异，其中最大的是渤中拗陷，最深可达11000～12000m，沉降幅度最小的是冀中、临清、昌潍及黄骅拗陷，为4000～6000m，介于两者之间的为辽东湾和济阳拗陷，为 9000～10000m[图 3-8(a)]。各拗陷的构造沉降与基底沉降具有相似的特征[图 3-8(b)]。从时间序列上看，古近纪裂陷期渤中、济阳和辽东湾拗陷的总沉降量和构造沉降量最大，昌潍拗陷和黄骅拗陷的总沉降量和构造沉降量次之，临清拗陷和冀中拗陷的总沉降量和构造沉降量最小[图 3-8(c)，图 3-8(d)]；新近纪裂后期渤中拗陷的总沉降量和构造沉降量最大，其他拗陷均较小[图 3-8(c)，图 3-8(d)]。

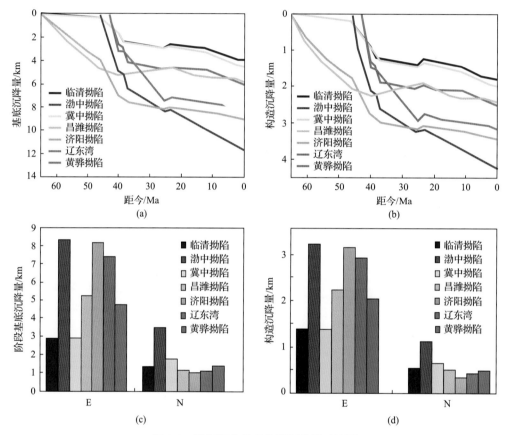

图 3-8　渤海湾盆地各拗陷沉降量对比图

结合盆地不同构造演化阶段地层厚度分布特征和盆地沉降史，可以总结渤海湾盆地沉降中心迁移规律(图 3-8)。孔店组—沙四段时期，盆地沉降中心主要位于济阳拗陷和冀中拗陷北部，且呈零星分布；沙三段—东营组时期，盆地沉降中心以下辽河拗陷为主，冀中拗陷沉降中心位置基本没有变化，东濮凹陷出现了一个长轴形的沉降中心。总体来说，盆地沉降中心向郯庐断裂带迁移，大致具有从南向北、自西向东迁移的趋势；馆陶组—明下段时期，沉降中心集中在盆地中部的渤中和黄骅拗陷，总体呈现自陆区向海区迁移的趋势；明上段至今的沉降中心完全集中在海域范围，特别是靠近郯庐断裂带的渤中拗陷内。

3.1.3　大型潜山圈闭形成

渤海湾地区经历了多旋回的长期复杂的构造演化过程，发育了丰富的圈闭类型，圈闭的分布具有成层性、成带性和分区性，并具有复杂的成因。

渤海湾地区发育的圈闭类型按成因主要包括构造型和地层型的，其中构造型圈闭从成因角度上看，可以划分为褶皱型、断层型和断层-褶皱混合型，各种类型的圈闭又可以进一步划分为不同类型(图 3-9)，包括背斜型圈闭(挤压背斜、披覆背斜、半背斜等)、断鼻、断块等。按照圈闭发育的层位可分为新生圈闭和潜山圈闭。其中潜山圈闭发育数量多、分布范围广、形成时间早、规模相对较大。按潜山顶面地层的年代，可进一步划分为太古界潜山、古生界潜山、中生界潜山；按潜山上覆地层组成，可划分为高潜山和低潜山，高潜山指无古近系覆盖的潜山，低潜山指有古近系覆盖的潜山。这些潜山圈闭分布广泛，发育在渤海湾盆地各个地区。

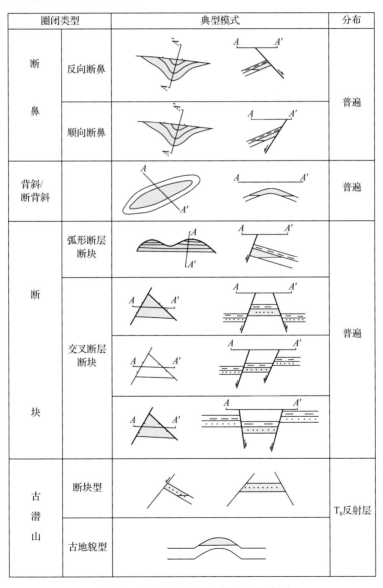

圈闭类型		典型模式		分布
断鼻	反向断鼻			普遍
	顺向断鼻			
背斜/断背斜				普遍
断块	弧形断层断块			普遍
	交叉断层断块			
古潜山	断块型			T$_8$反射层
	古地貌型			

图 3-9　渤海湾地区潜山构造圈闭类型

　　渤海海域中新生代构造演化，尤其是大型断裂的活动对渤中凹陷西南环低潜山圈闭的形成具有重要的控制作用。印支旋回，张家口-蓬莱断裂渤中段等北西向断裂发生大规模低角度逆冲推覆，渤中 13-22 构造区褶皱隆升，大型逆冲褶皱型潜山构造初始形成；燕山中期随着区域应力场由挤压转为拉张，先存逆冲断裂发生伸展反转，早期逆冲相关褶皱被一定程度的改造，同时由于剥蚀作用，构造幅度有所降低；喜马拉雅期，张家口-蓬莱断裂渤中段整体趋于消亡，成为潜山内幕的隐伏断裂，潜山圈闭逐渐埋藏定型（图 3-10、图 3-11）。

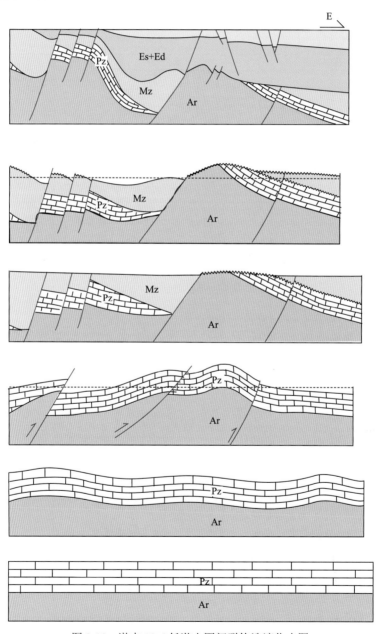

图 3-10　渤中 19-6 低潜山圈闭群构造演化史图

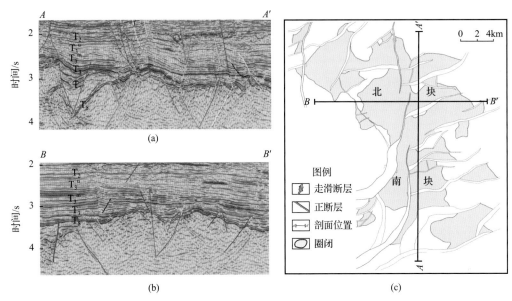

图 3-11 渤中 19-6 低潜山构造典型地震剖面与圈闭特征

(a)南北向典型地震剖面；(b)东西向典型地震剖面；(c)圈闭分布图；*A-A'*，*B-B'*表示剖面

3.2 区域性超压泥岩"被子"强封盖

区域性超压泥岩"被子"强封盖是大型天然气藏形成的核心要素。大气田中烃类气体的浓度和温度相对于上覆地层较高，容易逸散(戴金星等，2003；郝石生，1994)，导致天然气地质储量小。如鄂尔多斯盆地的刘家庄气田，研究表明距今 50Ma 前天然气地质储量约 $450\times10^{8}m^{3}$，目前只有 $1.9\times10^{8}m^{3}$(戴金星等，1997a；贾承造等，2002)。天然气的运移散失速度比原油快得多，盖层质量要求极高。因此，大型天然气田主要位于保存条件极好的构造稳定区，或者厚层膏泥岩盖层的构造活动区(康竹林，2000；戴金星等，2002)，渤海湾盆地构造活动强烈，区域大型厚层膏泥岩欠发育。但研究表明，古近系沙河街组、东营组厚层超压泥岩可以成为大规模天然气保存的良好盖层，尤其是渤中凹陷主力烃源岩沙河街组之上沉积了巨厚的东营组泥岩盖层，且普遍发育超压。

3.2.1 东营组超压泥岩盖层特征

渤中凹陷古近系发育半深湖—深湖相是渤中 19-6 地区厚层泥岩盖层形成的重要沉积环境。沉积环境不仅决定着盖层岩石组合，而且决定着其空间分布面积的大小。渤中凹陷渤中 19-6 地区古近系沙河街组、东三段、东二下亚段以半深湖—深湖相环境为主，这一水体深、水动力条件弱的沉积环境下，沉积的泥岩质纯、泥质含量高、分布面积广，是高质量的区域盖层有利的沉积环境。

从整个古近系地层的分布来看(图 3-12)，其地层厚度分布不均匀，厚度变化较大，从 500~7000m 不等，反映了显著的凹凸结构特征。这是与拗陷构造层地层厚度特征的明显差别，新近系—第四系坳陷构造层厚度也比较大，最厚达 4000m 左右，厚度中心位于渤中凹陷呈 NNE 方向展布，但其变化比较小，从 1000～4000m 不等，整体呈毛毯装覆盖在古近系的盆岭结构之上。古近系地层在渤中 1 号断层和蓬莱 7-1 号断层、秦南 1 号断层、渤东 1 号断层上盘形成了三个沉积中心，其中渤中凹陷中心的地层厚度最大，约 7000m，其余两个中心的地层厚度为 3500～4000m。东营组和沙河街组沉积的泥岩具有质纯、分布面积广、厚度大的特征，泥岩盖层平均厚度 500m，最厚的地方超过 2500m，巨厚泥岩盖层稳定连续分布。在欠压实和晚期生烃的共同作用下，尤其是在天然气大量生成阶段，泥岩超压快速形成，压力系数为 1.2～2.0，排替压力值分布范围为 4.81～27.91MPa，平均值高达 10.24MPa，形成了良好的区域盖层。

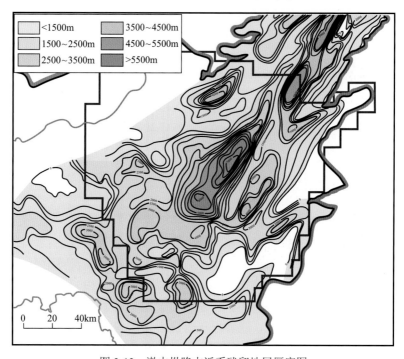

图 3-12　渤中坳陷古近系残留地层厚度图

　　沙三段地层厚度从平面上看是极其不均匀，从几百米到 3000m 不等，明显反映出渤中坳陷的凹凸结构(图 3-13)。从区域上看，渤南地区相对较薄，大部分小于 1000m，没有明显的厚度中心。渤东-庙西地区有所增厚，大部分为 1000～2000m，局部厚度中心集中在渤东凹陷内部，厚度一般大于 2000m，但平面显示的范围较小，只是零星的分布。渤中凹陷地区沙三段残留的地层是范围广的地区，厚度一般在 1000m 以上，大部分区域在 2000m 以上，局部厚度中心也在 3000m 左右。

　　沙一、二段地层主要分布在凸起的边部和凹陷内，地层厚度相对较薄，一般在 600m 以下，显示了湖盆的萎缩(图 3-14)。大部分区域的厚度在 400m 以下，厚度分布比较均匀。渤中地区厚度中心达 800m，主要在渤中凹陷的南部的蓬莱 7-1 断层的上盘，长轴方向为 NNE 方向，其他局部厚度中心仅为 400～500m。

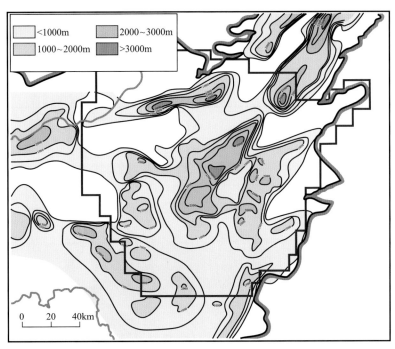

图 3-13　渤中拗陷沙三段地层厚度图

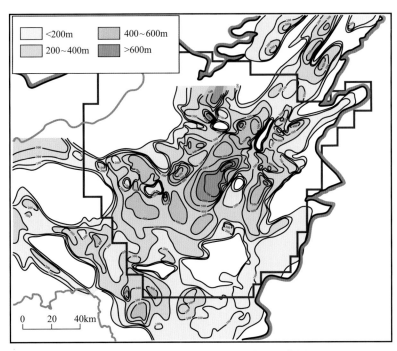

图 3-14　渤中拗陷沙一、二段地层厚度图

东营组地层基本上均匀覆盖了整个渤中拗陷,厚度也比较大,一般从几百米到 2400m (图 3-15)。对比发现,渤中地区较厚,且分布比较均匀,大部分在 1600m 以上,局部厚度中心达 2400m;渤东-庙西地区厚度分布不均匀,凸起上缺失东营组,其他地区大部分

在 800～1600m，局部厚度中心主要位于渤东 1 号断层和渤东 2 号断层的上盘，厚度分别为 2000m 和 1600m 左右；秦南-石臼坨地区东营组的地层与渤东-庙西地区具有相似的特征，但整体上要薄一些，大部分区域的厚度小于 800m，局部厚度中心位于秦南 1 号断层的上盘，厚度约 1600m。

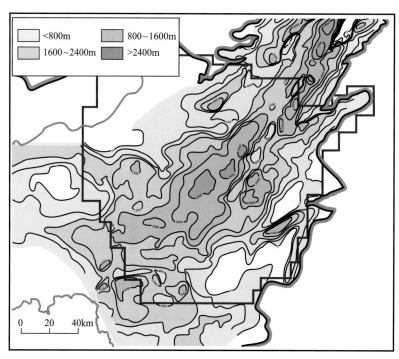

图 3-15   渤中拗陷东营组地层厚度图

渤中 19-6 地区气藏保存条件良好最宏观的特征就是发育厚度巨大的泥岩盖层。观察渤海海域天然气分布不难看出，大部分天然气田均形成于区域分布广、厚度大、封盖能力强的岩层之下 (图 3-16)。渤中地区古近系凹陷处于强烈断陷期，发育湖相沉积，在沙河街组与东营组沉积了厚度巨大的泥岩，直接盖层厚度大，已经发现的古近系及基底潜山油气藏，直接盖层超过了 140m，其中研究区的曹妃甸 18-1、曹妃甸 18-2、渤中 21-2、渤中 22-1、渤中 19-6 构造油气藏直接盖层厚度都超过了 300m，尤其是渤中 19-6 构造的渤中 19-6-1 和渤中 19-6-7 油气藏盖层厚度超过了 400m，接近 500m。相比于渤中西南环地区的曹妃甸 18、渤中 13-1、渤中 21/22 构造，渤中 19-6 构造单井上的泥岩直接盖层厚度更大，厚度大小分布更集中。在渤海海域新近系主要为河流相沉积，泥岩发育比较局限，造成直接盖层的厚度较薄，泥岩盖层厚度小于 25m，而且埋藏深度浅，因此新近系在渤中地区主要以油藏为主，难以形成商业聚集天然气藏。

从盖层的物性封闭机理来看，盖层的厚度大小虽然与盖层的封闭能力没有直接的定量关系，但是大量的事实与研究表明，盖层的厚度越大，其封闭能力就越强，越有利于天然气藏的保存。大厚度盖层对渤中凹陷天然气的大规模富集成藏十分有利，厚度较大的盖层一般在分布上比较稳定，易形成大面积分布的盖层而且不容易被小断层错断或断穿，不容易形成连通的微裂缝，此外厚度大的泥岩易于形成超压，使封闭能力增强。所以，渤中凹陷古近系大厚度的盖层是其天然气大规模富集成藏不可缺少的重要条件。

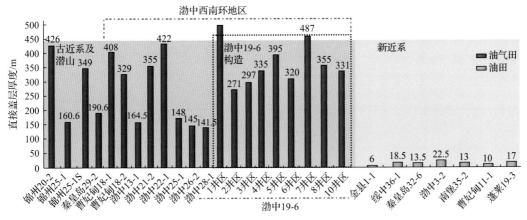

图 3-16　渤海海域主要油气田直接盖层厚度统计图

天然气分子小，极易散失，这就决定了其对盖层的要求比油藏要高得多，优质的区域性直接盖层控制了天然气的富集层位，而且大范围连续稳定分布的盖层对于天然气聚集成藏具有十分重要的意义(胡国艺等，2009)。渤海海域新构造运动时期，断层活动十分剧烈，研究区形成了大量的"y"字形断层，断裂发育较密集(图 3-17)。正因为渤中19-6 构造区乃至整个渤中西南环地区盖层厚度大且大范围连续分布，其不易小断层错断或断穿，另外，即使它被大断层破坏，断面很容易被泥岩涂抹而封闭。

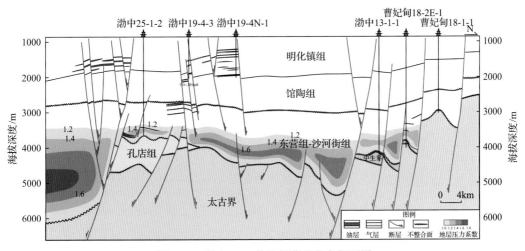

图 3-17　渤中 19-6 构造气藏南北向剖面图

3.2.2　东营组超压泥岩盖层分布及发育规律

渤海海域基本从东二段以下开始发育超压，凹陷区及周围斜坡带是超压发育的主要区域，中央凸起区各层段相对埋深较浅，主要发育常压，渤中凹陷及辽东湾南部、北部为研究区超压发育幅度较大的区域，超压发育的主要控制因素是盆地构造格局及沉积的速率。

超压是盖层封闭能力中最重要的因素之一，尤其是对于渤中凹陷这样典型的超压发育区，弄清地层压力的分布特征，对于判断天然气潜在富集区有着重要意义。本次使用声波时差值、密度曲线、电阻率曲线计算单井地层压力，从而分析盆地地层压力平面分布特征。

1. 东二下亚段

东二下亚段超压分布范围(最大压力系数)如图 3-18 所示。对比东二上亚段，可以

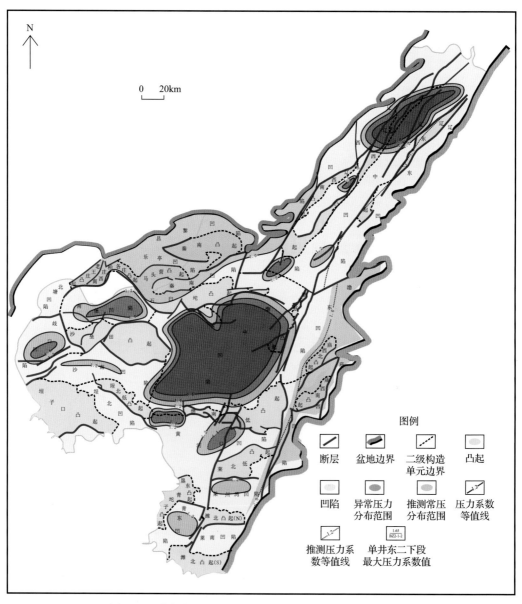

图 3-18　渤海油田东二下亚段最大压力系数平面展布特征图

看出，东二下亚段异常高压的分布范围及发育幅度均比东二上亚段大得多，研究区各主要凹陷中心及其周围斜坡带均有超压发育，渤中凹陷及辽东湾北部是研究区超压发育幅度最大的区域，渤中 13-1-1 井及锦州 20-2-1 井东二下亚段超压幅度最大，压力系数高达 1.75。压力系数自凹陷中心向边缘逐渐变小，最后变为正常静水压力。

2. 东三段

东三段超压分布范围(最大压力系数)如图 3-19 所示，凹陷部位蓝色阴影区及绿色阴影区分别为沉积速率等值线及镜质体反射率等值线，可以看出渤中凹陷、黄河口凹

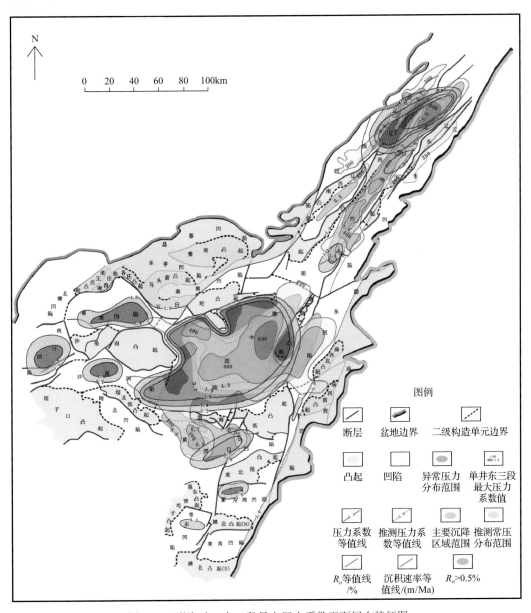

图 3-19　渤海油田东三段最大压力系数平面展布特征图

陷及辽东湾北部不仅是研究区东三段沉积速率最大的区域，也是有机质热演化程度最高的区域。对比东二下亚段，可以看出东三段异常高压的分布范围及发育幅度要比东二上亚段稍大，研究区各主要凹陷中心及其周围斜坡带均有超压发育，渤中凹陷及辽东湾北部等沉积速率较高的区域同样是超压发育幅度较大的区域，JZ16-4-2 井东三段底部超压幅度最大，压力系数高达 1.98。压力系数自凹陷中心向边缘逐渐变小，最后变为正常静水压力。

3.2.3 泥岩盖层超压形成及封闭机理

渤中凹陷古近系泥岩岩性比较稳定，为稳定沉积的湖相泥岩。据刘晓峰等(2008)研究认识，由于该区岩性特征比较一致，那么影响东三泥岩段速度主要影响因素是孔隙度和垂直有效应力，也就是说控制孔隙度和垂直有效应力变化的作用就是导致速度异常的机理。随着油气勘探开发的不断发展，对速度和压力异常的控制机理分析也在不断深入。引起速度异常和超压发育的机理有很多，可以将其划分为 5 类(赵靖舟等，2017)：不均衡压实、流体膨胀、成岩作用、构造挤压、压力传递，但普遍认为沉积盆地中大规模超压的主要原因是欠压实与流体膨胀(生烃作用)(Hao et al.，2007；蒋有录等，2016)。在该区引起超压和速度异常的成因主要是欠压实和生烃作用(薛永安和李慧勇，2018；施和生等，2019)。

1. 欠压实作用

研究区古近系泥岩段平均沉积速率大于 140m/Ma，沉积物的快速沉积是产生欠压实的地质条件。在欠压实沉积环境下，地层孔隙流体未及时排出，继续增加的上覆载荷部分或全部由孔隙流体承担，地层压实程度较低或不变，导致声波速度改变较少或不变。在研究区，泥岩段速度在东二下亚段—东三段上部已趋于稳定不变，也就是说，在此深度段欠压实作用已趋于稳定(图 3-20)。

2. 生烃作用

生烃作用及其所引起岩石结构及孔隙流体性质的改变可以极大地提高孔隙的剩余压力(张善文等，2009；王国庆和宋国奇，2014)。在该区东二下亚段—东三段上部欠压实作用已趋于稳定的背景下，东三段开始速度又出现进一步减小的变化，这主要是因为生烃作用逐渐增强，孔隙含烃流体增多，地层压力增大，导致岩石结构有效应力减小，减少了可传播声波的晶粒间触点数量，引起速度降低。在以东三段为主体的超压层段，速度的变化主要受控于生烃作用的强弱。

异常高压泥岩在地球物理数据上表现为"高孔隙度、高声波时差、低密度"。出现异常高孔隙度时，流体就会承担部分本应由岩石骨架承担的上覆负荷，这部分负荷在数值上等于流体超压值。基于这一原理，可以利用等效深度法计算地层中异常压力的

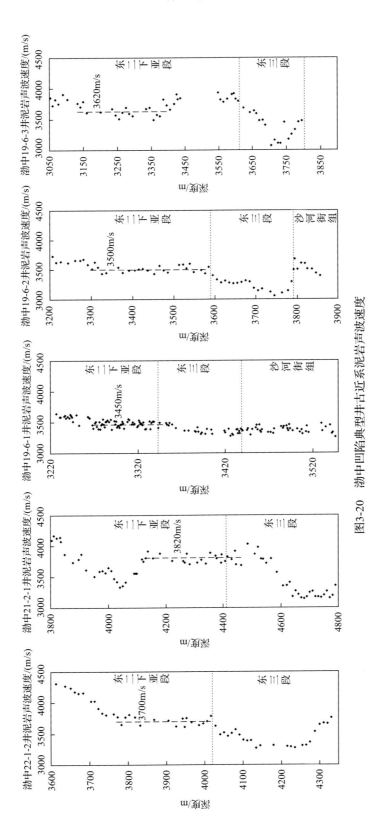

图3-20　渤中凹陷典型井古近系泥岩声波速度

大小(图 3-21)。等效深度法可以有效预测地层压力，其基本原理是在不考虑地层温度的情况下，在性质相同的沉积层中，若不同深度上岩石的孔隙度相同，则其岩石颗粒的骨架应力也相同(Magara，1968)。因此欠压实泥岩的空隙压力可以表示为

$$P_z = P_e + (S_z - S_e) = \rho g Z - (\rho_r - \rho_w)gZ_e \tag{3-1}$$

如果用声波时差的变化表示正常压实泥岩的压实规律，则有

$$P_z = \rho_r g Z + \frac{(\rho_r - \rho_w)g}{C} \ln \frac{\Delta t}{\Delta t_0} \tag{3-2}$$

式(3-1)和式(3-2)中，Z 为欠压实泥岩的埋藏深度，m；Z_e 为欠压实泥岩对应的平衡深度，m；P_z 为欠压实泥岩的孔隙压力或地层压力，Pa；P_e 为平衡深度处的静水压力，Pa；S_z 为深度 Z 处的地静压力，Pa；S_e 为等效深度处的地静应力，Pa；g 为重力加速度，m/s^2；ρ_r 为沉积岩平均密度，kg/m^3；ρ_w 为地层孔隙水密度，kg/m^3；Δt 为欠压实泥岩的声波时差值，μs/m；Δt_0 为原始地表声波时差值，μs/m；C 为正常压实泥岩的压实系数，m^{-1}。

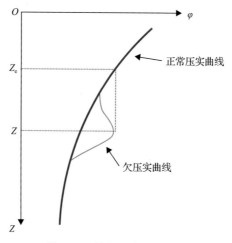

图 3-21　等效深度法示意图

渤中地区是渤海湾盆地的沉降与沉积中心，古近系沙三段至东三段时期为强烈断陷期，沉积速率高，沙三亚段为 512m/Ma，东营组为 520m/Ma(彭波，2013)。由于大套盖层泥岩的快速沉积，且又处于大量生烃阶段，其在凹陷内普遍欠压实，具有异常孔隙流体压力而发育超压。根据 Magara(1968)提出的等效深度法，计算渤中 19-6 地区 7 口井的泥岩空隙流体压力，以渤中 19-6-2 井与渤中 19-6-10 井计算结果为例，以便探讨研究区盖层压力发育情况。渤中 19-6-2 井声波时差数值在 3000m 左右出现异常增大现象，表明渤中 19-6-2 井从东一段出现异常压力现象，利用等效深度法计算的地层孔隙流体压力偏离静水压力趋势线，越往深层偏离越大，在 3000～4000m 深度内地层空隙流体压力值分布在 30～60MPa，地层压力系数为 1.0～1.6，因此渤中 19-6-2 井从东营组泥岩开始存在一个高压异常带[图 3-22(a)]。同理，渤中 19-6-10 井声波时差在 3500m，即东二

上亚段底开始出现声波时差值异常增大现象，压力计算值也开始偏离静水压力趋势线，在 3500～4300m 深度内，计算值介于 40～76MPa，地层压力系数分布范围为 1.0～1.8 [图 3-22(b)]。因此在研究区泥岩盖层中普遍发育着超压现象。超压封闭的实质是欠压实的泥岩盖层中的异常孔隙流体压力与毛细管阻力一起在封闭油气，而且以前者为主。前人计算表明当盖储界面井深为 2134m 时，压力系数 1.3 的欠压实泥岩依靠异常孔隙流体压力可以封盖的气柱高度为 737m，是靠毛细管阻力封闭气柱高度的 11 倍，当压力系数为 2.0 时，则可以高出 37 倍，因此压力封闭的效率极高(刘方槐，1991)。

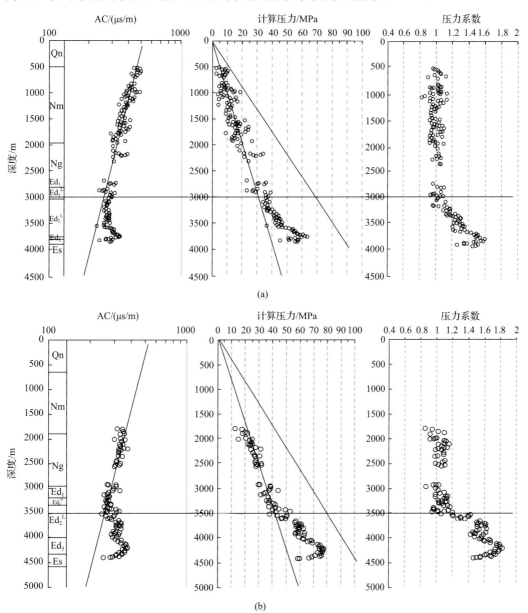

图 3-22　渤中 19-6 构造渤中 19-6-2 井与渤中 19-6-10 井声波时差与流体压力分布

(a)渤中 19-6-2 井；(b)渤中 19-6-10 井

　　利用等效深度法计算出渤中 19-6 构造 7 口井欠压实泥岩孔隙流体剩余压力, 再根据实测的静压数据可得储层的孔隙流体剩余压力, 将前后两者相减即可得到盖储流体剩余压力差。根据 Smith (1966) 提出的盖层与储层压力差计算所能封闭的最大气柱高度的公式得到, 当盖储剩余压力差为 2MPa 时, 所能封盖的最大气柱高度可达 200m, 表明盖层的封闭性已达到一定程度, 可以作为工业气藏的有效封盖层。研究区计算井的盖储剩余压力分布范围为 13.2~25.86MPa (图 3-23), 其平均值为 20.94MPa。其理论计算的封盖气柱高度远大于研究区气藏的气柱高度, 这表明渤中 19-6 构造区仅盖层中的超压就可以对孔店组砂砾岩与太古界花岗岩潜山天然气藏进行有效的封盖, 有利于天然气的保存。

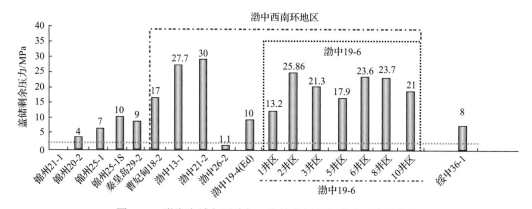

图 3-23　渤海海域主要油气田直接盖层盖储剩余压力差统计

　　此外, 欠压实泥岩中的空隙流体异常压力可以降低泥岩弹性极限, 使其塑性增强而容易发生流动; 在超压的作用下, 泥岩向断裂带塑性流动不仅因其充填了断裂带中破碎砾岩的空隙或虚脱部位形成封闭, 而且还能使断层面很快愈合起来形成封闭; 断层在厚层泥岩中的断面倾角较在脆性地层中明显要缓, 且在厚度较大泥岩中易于发育异常高空隙流体压力, 因此作用在欠压实泥岩断面上的上覆岩层覆荷的分力较正常压实泥岩和脆性地层明显增大, 其断面的紧密程度也就更高, 断层的封闭性也就更好 (付广等, 1996)。渤海海域新构造运动强烈, 形成大量的断层。渤中 19-6 地区断层向上直通浅层, 向下切穿基底, 然而其在断层的两盘可以形成断层面遮挡聚集气藏 (图 3-24)。渤中 19-6-1 井、渤中 19-6-2 井、渤中 19-6-3 井从 3000m 开始在泥岩中发育超压, 其烃源岩层最大成熟度 R_o 为 1.3%, 处于大量热裂解生湿气阶段, 大量生气可以增大盖层中的压力。很可能是本区泥岩中发育的强超压弱化了构造活跃地区泥岩中裂缝的形成, 以及异常压力作用在断层面上使其断层面紧密程度更高, 这两方面的作用叠加使断层具有封闭性, 有利于研究区天然气的聚集成藏。

　　基于古近纪泥岩超压历史恢复研究, 发现 5.1Ma 以前超压不发育, 利于深层油气向浅层运移; 5.1Ma 以来, 凹陷区大面积快速沉降导致欠压实, 东营组下部泥岩超压快速形成并加大, 为潜山天然气保存提供了超压动力封闭条件 (图 3-25)。

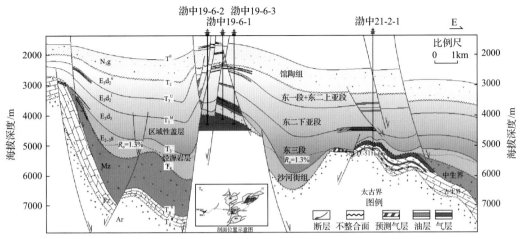

图 3-24　渤中 19-6 构造过井渤中 19-6-2、渤中 19-6-1、渤中 19-6-3 东西向气藏剖面图

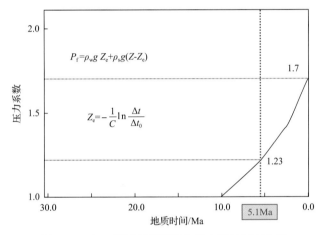

图 3-25　东三段顶部泥岩剩余压力随时间变化图

Z 为欠压实泥岩的埋藏深度，m；Z_e 为欠压实泥岩对应的平衡深度，m；P_z 为欠压实泥岩的孔隙压力或地层压力，P_a；ρ_s 为沉积岩平均密度，kg/m^3；ρ_w 为地层孔隙水密度，kg/m^3；Δt 为欠压实泥岩的声波时差值，μs/m；Δt_0 为原始地表声波时差值，μs/m；C 为正常压实泥岩的压实系数，m^{-1}

总之，渤中西南环地区渤中 19-6 构造在东营组厚层泥岩一定深度开始就发育异常高压，异常高压的存在保证了渤中凹陷与沙南凹陷东洼生成的大量天然气在"压力被子"之下汇聚并运移至两凹之间西南环潜山构造带成藏，同时强超压不仅有利于封闭油气，而且弱化了本区新构造运动时期泥岩中裂缝的形成，防止了强烈断层活动对气藏的破坏作用。

3.3　烃源岩晚期快速熟化高强度生气机理

3.3.1　烃源岩有机地球化学特征

烃源岩是生成油气最基础的母源物质，烃源岩的发育与分布状况直接影响了一个盆地油气的生成数量、种类及盆地的勘探潜力等。在大量的样品地化实验基础上，本章从烃源岩有机地球化学的总体统计特征出发，确认了渤中凹陷主力烃源岩发育与分布的主要层系及各层系垂向上烃源岩质量的差别，从而在平面上描述了烃源岩的展布及其变化特征。

1. 烃源岩有机质丰度

有机质丰度是评价烃源岩的重要内容。本次对渤中凹陷的烃源岩评价主要是基于岩心与岩屑的地化热解实验：本次新采集了渤中 19-6-1 井、曹妃甸 15-1-1 井、曹妃甸 12-6-1 井等多口井共 373 个岩屑样品做了 Rock-Eval 仪的热解地化实验，另外收集 1980 年以来 22 口探井 1734 个样品做过热解实验得到了 5048 个数据点。以下用 Peters 等（2005）的烃源岩评价标准对渤中凹陷烃源岩进行评价（表 3-2）。

表 3-2　Peters 等（2005）的烃源岩评价标准

石油潜量	TOC/%	S_1+S_2/(mg/g)	沥青 "A"	总烃含量/ppm	干酪根类型
差	<0.5	<3	<0.05	<300	腐殖型
中等	0.5~1.0	3~6	0.05~0.1	300~600	腐殖型
好	1.0~2.0	6~12	0.1~0.2	600~1200	中间型
很好	2.0~4.0	12~24	0.2~0.4	1200~2400	腐泥型
极好	>4	>24	>0.4	>2400	腐泥型

注：TOC 为总有机碳含量，total organic content；S_1+S_2 为生烃潜能；1ppm=1μg/g=10^{-6}。

渤中凹陷东二下亚段烃源岩 TOC 在 0.24%~1.73%，平均值为 0.78%；S_1+S_2 在 0.28~11.46mg/g，平均值为 2.84mg/g，总体为差烃源岩。渤中凹陷东三亚段烃源岩 TOC 在 0.4%~4.12%，平均值为 1.94%；S_1+S_2 在 0.13~24mg/g，平均值为 11.18mg/g，总体为好烃源岩。渤中凹陷沙一、二段烃源岩 TOC 在 0.1%~5.8%，平均值为 2.47%；S_1+S_2 在 1.02~16.81mg/g，平均值为 13.06mg/g，总体为好烃源岩。渤中凹陷沙三亚段烃源岩 TOC 在 0.1%~4.33%，平均值为 2.62%；S_1+S_2 在 2.03~18.31mg/g，平均值为 16.19mg/g；总体为好—极好烃源岩。烃源岩热解分析得出的生烃潜能（S_1+S_2）反映了单位质量烃源岩的最终产烃量。渤中凹陷烃源岩的生烃潜力在一定程度上受有机质丰度制约。较高丰度的东三段，沙一、二段与沙三段生烃潜力相对来说比较好，东二下亚段生烃潜力最低。生烃潜能与有机碳之间的正相关也说明其有机质具有较高的生烃潜能（图 3-26）。

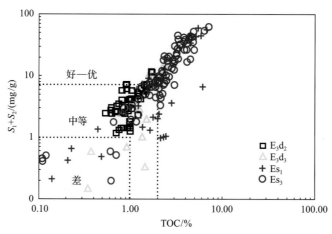

图 3-26　渤中凹陷烃源岩 TOC 与 S_1+S_2 相关图

2. 烃源岩有机质类型

有机质类型反映了烃源岩产烃潜力大小与产物区别。有机质类型主要反映在有机质母质来源的不同以及有机质化学元素、化学结构的差异。因此其划分主要有显微组分比例、元素原子比以及岩石热解中的氢指数三种方法，本节主要使用的是后两种方法。

不同类型干酪根中碳、氢、氧、氮、硫等这些主要元素相对含量不同，而且其产物在热演化过程中也不相同。因此常用热解参数和 O/C、H/C 原子比来确定干酪根的类型。Ⅰ型干酪根 H/C 原子比值最高，一般在 1.5 以上，O/C 原子比最小，一般在 0.1 以下；Ⅱ型干酪根 H/C 原子比值相对较高，为 1.5～1.0，较低的 O/C 原子比，为 0.1～0.2；Ⅲ型干酪根 H/C 原子比值最小且小于 1，O/C 原子比最大，达到 0.2（图 3-27）。

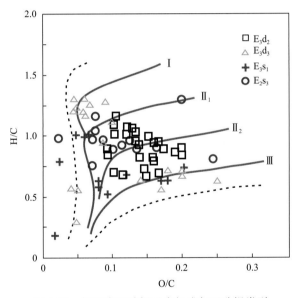

图 3-27　烃源岩干酪根元素组成与干酪根类型

渤中凹陷沙三源岩的氢指数（hydrogen index，HI）分布于 300～550，H/C 原子比位于 0.7～1.2，还具有低的 O/C 原子比（0.5～1.5），指示了有机质类型的多样性，从Ⅲ型到Ⅰ型，但其有机质类型整体为Ⅱ₁型至Ⅱ₂型（图 3-27，图 3-28）。沙三段的干酪根的 TOC 大于 2%，以无定形有机质（amorphous organic matter，AOM）为主，在透射光下呈黄色片状，在紫外光下显示强烈的荧光，带荧光的无定形有机质常认为主要来自沉积于还原环境的藻类物质（Ebukanson and Kinghorn，1985）。高含量的荧光 AOM 与高 HI 值（最大可达 900mg/g TOC）相互印证，都指示来源于藻类的富氢干酪根。沙三段中有机质含量相对较少的样品，其干酪根中带荧光的 AOM 含量相对较少，与相对较低的 HI 值相印证，指示其为贫氢、高等植物来源的有机质。

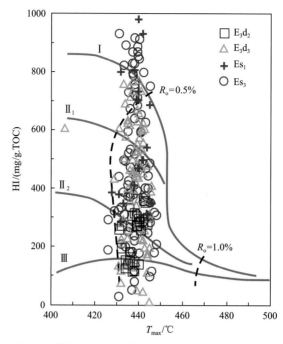

图 3-28   渤中凹陷烃源岩氢指数、T_{max} 与干酪根类型

　　沙一、二段烃源岩 HI 值较高，普遍在 400～600；H/C 原子比值在 0.9～1.3，均值为 1.1；O/C 原子比在 0.1～0.27，均值为 0.11，主要为 II$_1$ 型烃源岩（图 3-27，图 3-28）。沙一、二段烃源岩中来源于这些富含有机质泥岩的干酪根也是以荧光 AOM 为主，表明沙一段富有机质的泥岩是倾油型有机质，可认定为中等到好烃源岩。

　　东三段烃源岩氢指数较高，HI 值分布范围是 200～650，均值在 500 左右。H/C 原子比在 0.9～1.4，大部分值大于 1；O/C 原子比在 0.07～0.23，均值为 0.12，东三段烃源岩有机质类型以 II$_1$ 型为主（图 3-27，图 3-28）。

　　东二下亚段烃源岩的 HI 值分布范围是 70～350，大部分值小于 300。元素分析中 H/C 原子比在 0.8～1.1，均值为 0.9；O/C 原子比在 0.15～0.35，均值为 0.24，因此东一、二段烃源岩有机质类型较差，主要为 II$_2$-III 型。

　　总而言之，沙三段具有最高的有机质丰度、S_1+S_2 及 HI 值，是渤中凹陷最重要的烃源岩。沙一段和东三段部分泥岩是富氢有机质，并具有相对较高的生烃潜力。E$_2$s$_3$、E$_3$s$_1$ 和 E$_3$d$_3$ 在有机质丰度和类型上有很强的非均质。

3. 烃源岩有机质成熟度

　　生烃史模拟是揭示烃源岩热演化程度的有效方法之一。在热历史模拟计算中还需要基础地质数据，包括岩性参数、现今地表温度、地温梯度和大地热流值等数据及地层分层数据。模拟计算中的岩性参数主要包括各岩性的热导率、生热率、密度、压实系数、初始孔隙度等。现今地温数据和岩石热物性数据采用前人的数据（龚育龄等，2003）。地层分层采用钻孔实际测量值，具体为平原组（Q）2.0Ma、明化镇组（Nm）12.0Ma，馆陶组

(Ng) 24.6Ma，东营组 (Ed) 32.8Ma，沙一、二段 (Es$_{1-2}$) 38Ma，沙三段 (Es$_3$) 42Ma，沙四段 (Es$_4$) 50.5Ma，孔店组 (Ek) 65Ma。模拟过程中研究区地表气温设定为 15℃，并设地史上的地表温度不变。该研究区水浅，因此水深可不予考虑。各构造单元的现今地温梯度值采用前述的数据。

对烃源岩成熟演化模拟的研究是下一步进行资源量计算的基础。烃源岩演化模拟计算包括的基本参数为各层系等厚图或构造图、烃源岩地球化学参数、地表温度、热史和岩性参数等。利用 IES 及 PRA 盆地模拟软件，采用 Burnham 和 Sweeney (1989) 的 Easy R$_o$% 模型，进行一维、二维盆地模拟；利用实测的镜质体反射率对比校正模拟的镜质体反射率值，进而对各烃源岩层段有机质热演化程度进行预测，研究中模拟了渤中凹陷 Es$_3$、Es$_{1-2}$、Ed$_3$ 三套烃源现今的成熟演化史，并绘制渤海海域各生烃凹陷现今各层系烃源岩成熟度分布等值线图。

由于埋深最大，沙三段烃源岩热演化程度较高，渤中凹陷主凹烃源岩成熟度大于 2.0%，处于干气阶段。渤中西洼烃源岩成熟演化普遍达到 0.8% 以上，其在渤中凹陷斜坡区成熟度对应的 R$_o$ 可达 1.0%，即凹陷大部处于生烃高峰阶段，靠近凹陷中心则大范围进入高成熟的生油气阶段 (R$_o$ 达 1.4%)，过成熟的烃源岩分布范围也增大了。渤中西南次洼凹陷中心烃源岩成熟度高达 1.8%，只是在凸起边缘附近其成熟度较低。总之，渤中凹陷现今沙三段烃源岩大部分处于高熟阶段 (图 3-29)。

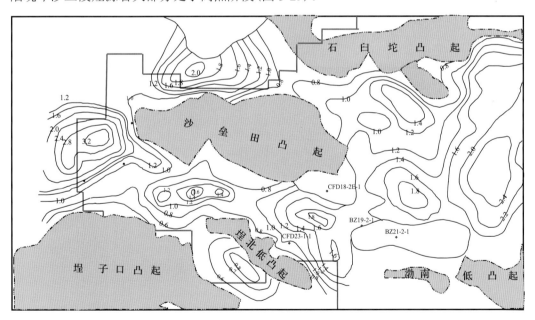

图 3-29　渤中凹陷沙三段底界成熟度等值线图 (单位：%)

在渤中凹陷主凹，沙一段烃源岩有机质热演化程度最高可达 2.0%。在渤中凹陷西次洼，其中心烃源岩热演化程度为 1.1%，而在西次洼斜坡地区反映成熟度的 R$_o$ 基本可达 0.7%。在渤中西南次洼的中心，沙一、二段烃源岩现今的热演化程度在 1.2%，在其凸起的边缘其热演化程度也已经达到生烃门限 (图 3-30)。

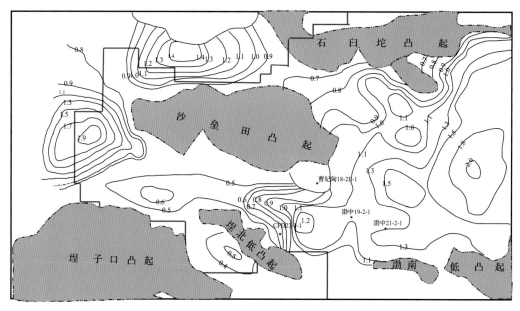

图 3-30   渤中凹陷沙一、二段底界成熟度等值线图（单位：%）

渤中凹陷东三段烃源岩现今底界成熟度比沙一、二地层略低，但其凹陷中心烃源岩成熟度也已经达到了 2.0%。在渤中西南次洼，东三段烃源岩其成熟度在大部分地区在 0.7%～0.9%，只有靠近渤中主凹的地区，其成熟度才达到 1.0%。在渤中西南次洼，其中心烃源岩成熟度为 1.0%。总之，渤中凹陷东三段烃源岩现今已经进入高熟演化阶段（图 3-31）。

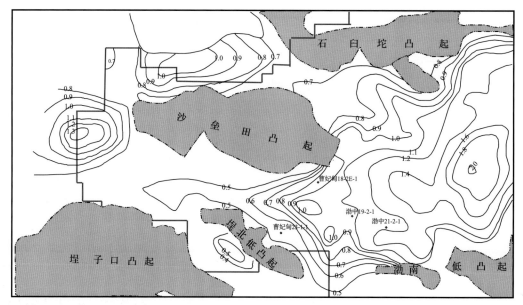

图 3-31   渤中凹陷东三段底界成熟度等值线图（单位：%）

3.3.2   烃源岩分布特征

渤中凹陷属于渤海海域新生代沉积中心，古近系烃源岩埋深大，目前钻遇凹陷中心烃源岩较少，主要在渤中凹陷边缘钻遇古近系烃源岩。因此，主要基于单井测井相、岩相、沉积相及地震相特征来研究渤中凹陷烃源岩的空间分布特征。

1. 烃源岩测井相特征

地球物理测井资料具有纵向分辨率高、连续完整的地层物性参数的特点，尤其是在优质烃源岩层段上，测井曲线具有独特的相应特征，常利用测井资料评价烃源岩。常规测井曲线一般表现为细粒碎屑烃源岩随有机质丰度升高而放射性元素(U、Th)含量增加、声波曲线值升高、电阻率曲线值升高和岩石密度降低的规律，本次研究基于测井曲线的一般规律，与烃源岩岩相特征相结合，明确渤中凹陷主力烃源岩测井相特征。

通过不同凹陷不同井的优质烃源岩对比，将沉积相和测井相融合分析，总结出 4 种优质烃源岩测井相(表 3-3)。

表 3-3　渤中凹陷烃源岩测井相

沉积相	GR/API	RS/($\Omega \cdot m$)	RD/($\Omega \cdot m$)	AC/($\mu s/m$)	DEN/(g/cm^3)	曲线形态
浅湖	较高 65~130	较高 一般>5.0，异常>30.0	一般>5.0，异常>30.0	较低 65~95	较高 2.45~2.70	箱形+锯齿形
半深湖-深湖	较高 85~120	较高 一般>5.0，异常>30.0	一般>5.0，异常>30.0	较高 75~120	较高 (2.45~2.65)	箱形
半深湖-深湖	高 80~130	较低 一般>2.5，异常>5.0	一般>2.5，异常>5.0	较高 85~110	较低 (2.35~2.60)	箱形
三角洲+湖泊	高 80~150	较高 一般>5.0，异常>10.0	一般>5.0，异常>10.0	较高 70~120	较高 (2.40~2.70)	明显的锯齿形

注：RS 为浅电阻率；RD 为深电阻率；AC 为声波时差；DEN 为密度。

2. 烃源岩地震相特征

地震相是一种具有一定面积的地震反射单元，其中涉及的参数，如振幅、频率、层速度等能表征产生这类参数的地层的沉积学特征，所以地震相是沉积背景形成的地质体的联合反应，能反映地下地质体与岩性相关的特质。渤海湾盆地井位数量远不如陆上油田，所以烃源岩的地震识别尤为重要。

通过渤中凹陷与烃源岩相关的地震反射及地震相分析，渤中凹陷不同类型地震相可以发育不同类型和丰度的烃源岩，以此可以推测优质烃源岩宏观地震相特征(表 3-4)。其地震相类型表现为：①楔状杂乱、中—强振幅、连续性差；②席状平行—亚平行、中—弱振幅、较连续；③席状平行—亚平行、弱振幅、连续性中等；④席状充填、中-弱振幅、较连续；⑤席状平行—亚平行、中—弱振幅、连续；⑥丘状乱岗、中—强振幅、连续性差；⑦楔形前积、中—强振幅、连续性差。其中代表半深湖—深湖沉积相的④席状充填与⑤席状平行—亚平行地震反射类型通常发育最优质的烃源岩。根据渤中凹陷不同次凹采用井旁地震相-剖面地震相对比的方法，优质烃源岩发育的地震相在各个次凹都普遍发育，主要发育在靠近沉积中心的部位，较陡断层下容易受到重力流成因的水下扇影响，不容易发育优质烃源岩，而较缓的斜坡带普遍具备发育优质烃源岩的条件。

表 3-4　渤中凹陷典型地震相

代表沉积相	地震反射构型	地震反射结构		典型地震剖面
		振幅	连续性	
辫状河三角洲	①楔形杂乱	中—强振幅	差	
浅湖	②席状平行—亚平行	中—弱振幅	中等-好	
浅湖	③席状平行—亚平行	弱振幅	中等	
半深湖-深湖	④席状充填	中—弱振幅	好	
半深湖-深湖	⑤席状平行—亚平行	中—弱振幅	好	
扇三角洲前缘	⑥丘状乱岗	中—弱振幅	差	
扇三角洲前缘	⑦楔形前积	中—强振幅	差	

3. 优质烃源岩平面展布特征

综合测井、地震和钻井资料，再结合重点单井的烃源岩厚度统计结果，对于渤中凹陷不同层段优质烃源岩平面分布进行预测(由于渤中凹陷有多个工区拼接，有些工区缺少沙一段和沙三段的解释，本次烃源岩分布图将沙河街组合并统计以呈全区的平面分布图)。

渤中凹陷东三段烃源岩分布较广，在各个次凹都有分布，其中以渤中主凹分布最广，最大厚度大于 500m，靠近沉积中心的 TOC 普遍超过 3%；南次洼其次，最大厚度大于 400m，TOC 普遍大于 1.5%，但是明显分隔性较强；西南次洼和西次洼分布面积相当，最大厚度超过 300m，靠近沉积中心 TOC 超过 2%(图 3-32，图 3-33)。而沙河街组烃源岩整体分隔性较强，厚度变化快，以渤中主凹发育面积最广，厚度超过 600m，有两个沉积中心，TOC 大于 3%的面积最广；其次是南次洼，TOC 大于 2%的面积较大，最大厚度超过 400m，但是明显分隔性强于渤中主凹；西南次凹优质烃源岩发育也很广，但是分隔性很强，最大厚度普遍分布在大断层附近，最厚可超过 400m；西次凹烃源岩分布面积和厚度相对小一些，TOC 普遍超过 1.5%(图 3-34，图 3-35)。总体来看，渤中凹陷东营组和沙河街组优质烃源岩发育范围非常广，局部厚度很大，具有极优的生烃潜力。

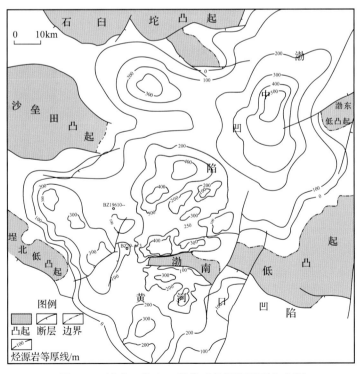

图 3-32　渤中凹陷东三段优质烃源岩平面分布图

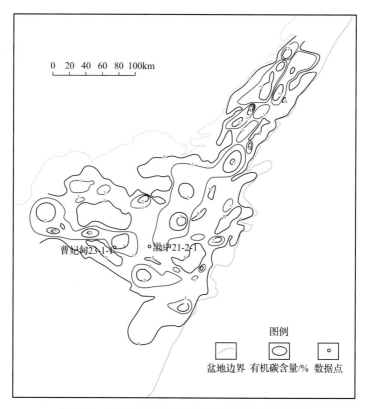

图 3-33　渤中凹陷东三段有机碳含量平面分布图

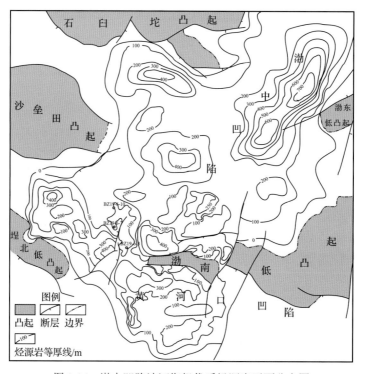

图 3-34　渤中凹陷沙河街组优质烃源岩平面分布图

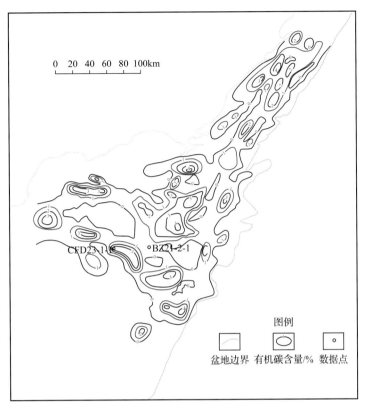

图 3-35　渤中凹陷沙河街组有机碳含量平面分布图

3.3.3　晚期快速生气机理

1. 渤海湾盆地差异沉积与温度场演化

渤海湾盆地处于华北克拉通东部岩石圈伸展减薄中心部位(李三忠等，2010)，是华北克拉通之上一个新生代裂谷盆地(Allen et al.，1997；陆克政等，1997；Ren et al.，2002)。盆地内部新生代地层沉积最厚(11km)地区位于渤海海域中部的渤中凹陷。地球物理观测显示渤海湾盆地发育 3 条 NNE 向及 1 条 NW-NWW 向走滑断裂带。NNE 向走滑断裂带自东向西为营口—辽东湾—潍坊右旋走滑断裂带(郯庐断裂带渤海湾盆地段)、黄骅—德州—东濮右旋走滑断裂带及霸县—束鹿—汤阴右旋走滑断裂带；NW-NWW 向走滑断裂带为张家口—蓬莱左旋走滑断裂带(漆家福，2004；李三忠等，2010；Qi and Yang，2010；滕长宇等，2014)。走滑断裂带将渤海湾盆地大致分成 3 个 NNE 向延伸的裂陷带和 1 个裂陷区，即：①由冀中拗陷、临清拗陷西部和汤阴地堑组成的冀中-汤阴裂陷带；②由黄骅拗陷、临清拗陷东部和东濮凹陷组成的黄骅-东濮裂陷带；③由下辽河拗陷、辽东湾拗陷、渤中拗陷东部和昌潍拗陷组成的下辽河-昌潍裂陷带；④由渤中拗陷和济阳拗陷的主体部分组成的渤中-济阳裂陷区(漆家福，2004；Qi and Yang，2010)。地壳浅层发育的裂陷带(区)与深部地幔隆起呈明显的镜像反映(吴冲龙等，1999)。这种深—浅层良好的对应关系表明，地壳和岩石圈的伸展、减薄是渤海湾盆地形成和演化的深部动力背景(Qi and Yang, 2010)。而渤海海域中部渤中凹陷地壳厚度最薄（<28km），揭示渤中凹陷是北克拉通在新生代破坏最为强烈地区。

新生代的渤海湾盆地总体经历了裂陷期(65～24.6Ma)及裂陷后期热沉降(24.6 至今)两个主要构造演化阶段(Hu et al., 2001)，形成了古近系裂陷期沉积和新近系—第四系热沉降期沉积两大陆相层序。但不同构造单元断裂发育与演化存在个体差异，因此地层沉积厚度差异明显，沉降速率与沉降量、地温场等也相差较大。其中，渤海海域（渤海湾盆地海域部分）在新生代同时受到 NNE 向营口—辽东湾—潍坊右旋走滑断裂带（郯庐断裂带渤海湾盆地段）及 NW-NWW 向的张家口—蓬莱左旋走滑断裂带的共同影响，上述差异尤为明显。

渤海海域新生代盆地主要包括辽东湾拗陷、渤中凹陷、秦南凹陷、黄河口凹陷及莱州湾凹陷。其中辽中北洼为辽东湾拗陷在新生代沉降量最大地区，因此将其作为独立单元进行研究。通过对以上 6 个重点地区中心采用回剥法(backstripping)，进行新生代孔店组—沙四段沉积时期(65～42Ma)、沙三段沉积时期(42～38Ma)、沙一段—沙二段沉积时期(38～32.8Ma)、东营组沉积时期(32.8～24.6Ma)、新近纪馆陶祖—明化镇组沉积时期(24.6～2.0Ma)和第四纪平原组沉积期(2.0Ma 至今)等 6 个主要沉积时期的构造史和沉降史的恢复来揭示渤海海域构造演化与地层沉积的差异。计算结果表明，渤海海域各次级构造单元的沉积、沉降过程与整个渤海湾盆地的构造演化规律一致，即表现为古近纪裂陷期的构造沉降阶段及新近纪—第四纪拗陷期的热沉降阶段，但不同构造单元之间仍存在明显差异（图 3-36）。

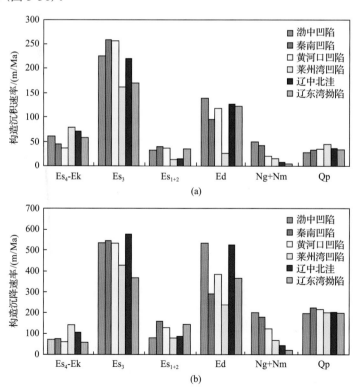

图 3-36 渤海海域重点凹陷沉降速率与沉积速率分布图

(渤中凹陷数据引自彭波和邹华耀，2013)

孔店组—沙四段沉积时期,渤海海域地区沿着 NNE 向深大断裂形成一系列伸展断陷湖盆,各凹陷构造沉降速率、地层沉积速率较低且差别不大,仅莱州湾凹陷此时有较大沉降,地层沉积较厚。沙三段沉积时期,主干断层强烈活动,渤海海域整体构造沉降速率、沉积速率较大,沉降中心位于环渤中地区,其次为辽东湾拗陷,莱州湾拗陷则相对较弱。沙二段、沙一段沉积时期为构造相对平静期,整体表现为稳定的沉降与沉积。东营组沉积期,受郯庐断裂右旋走滑运动影响,渤海海域沉降与沉积速率较大,但低于沙三段沉积时期。此时,渤中凹陷沉降与沉积速率最大,其次为辽中北洼及辽东湾其他地区,莱州湾凹陷构造沉降与沉积速率最低。进入新近纪以来,渤海海域整体进行裂陷后期的热沉降阶段。此时环渤中地区整体的沉降、沉积速率最大,辽东湾地区最小。表明渤海海域沉降、沉积中心由盆地边缘向中心部位转移。第四纪以来,渤海海域受到郯庐断裂及张家口—蓬莱断裂双重影响,整体发生沉降,不同构造单元间沉降与沉积差异不大。

　　渤海海域差异构造演化和地层沉积与深部构造环境密切相关。华北克拉通自晚中生代以来经历了强烈的岩石圈伸展减薄(Menzies et al., 1993;吴福元等,2008;郑永飞与吴福元,2009;朱日祥等,2011;朱日祥等,2012;吴福元等,2014),现今地壳厚度减薄处与渤海湾盆地位置相对应。沿着盆地裂陷带与裂陷区,存在 3 个地幔隆起带(Qi and Yang,2010)与浅层裂陷带呈镜像对应(吴冲龙等,1999),说明渤海湾盆地的形成演化的动力来源于深部地幔隆起。渤海海域现今地壳厚度整体较陆上薄,最薄地区位于环渤中地区(图 3-37)。因此新生代,尤其是新近纪以来环渤中为渤海海域沉降中心,这可能与该地区深层地幔热隆起最高,地壳厚度最薄,克拉通破坏最为强烈有关。

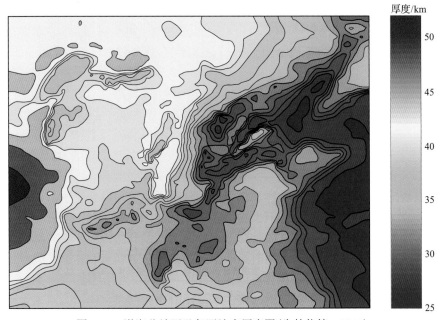

图 3-37　渤海盆地区及邻区地壳厚度图(朱林伟等,2009)

　　地球深部地幔隆起导致地壳构造变形,进面引起岩石圈地温场的扰动(李刚等,2017)。地温场的研究对含油气盆地油气生烃、排烃、运移和聚集极为重要(任战利等,

2008)。温度影响烃源岩成熟度，控制烃源岩是否生烃及生、排烃时间，进而影响油气成藏(赵重远等，1990；任战利等，2007；任战利等，2008)。彭波和邹华耀(2013)通过渤海海域 236 口钻井、2706 组静温数据及 25 口井的系统测温数据回归得到渤海海域平均地温梯度为 32.2℃/km，但不同构造单元地温明显不同(图 3-38)。渤海海域地温梯度呈现凹凸相间展布，与构造格局相对应，总体受 NNE 向及 NW-NWW 向走滑断裂带影响。环渤中地区地温梯度明显高于辽东湾、莱州湾等地，这与深部较高的地幔隆起有密切关系(图 3-38)。环渤中地区(低)凸起带地温梯度高于凹陷带，最高处位于石沙垒田凸起以及石臼坨凸起，其次为渤南低凸起一带。(低)凸起区地温梯度高于凹陷区，主要有两方面原因：一为凹陷内新生代巨厚沉积物盖层的热导率较低，而凹陷周缘凸起热导率较高，从而产生"热折射"效应(熊亮萍和张菊明，1988)，造成热量向凹陷的凸起区集中；另一方面，渤海盆地还在继续沉降，其内部尚未达到热平衡，巨厚沉积物在下沉过程中还在不断"消耗"来自深部的热量，导致凹陷区未成形成高地热区(王良书等，2002)。

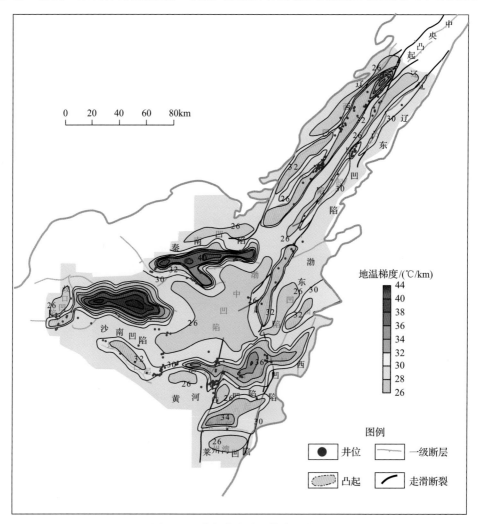

图 3-38 渤海盆地地温梯度分布图

在现今地温分布研究基础上采用盆地演化的地球动力学模型应用（TECMOD 软件的岩石圈减薄分析和 PRA 软件中的地球动力学模拟模块）及古温标参数 R_o 正反演结合来进行渤海海域重点凹陷的热史恢复。热史恢复过程中模拟计算的 R_o 明显高于实测值，这是因为渤海海域氢指数偏高，影响烃源岩有机质成熟度的热演化，使镜质体反射率实测值偏低。经过校正后，R_o 与模拟结果吻合。热史恢复结果显示，渤海海域经历了 3 次热流升高过程（孔店组沉积期、沙三段沉积时期及东营组沉积时期），与盆地构造演化过程一致，说明渤海海域的热演化受构造演化的控制（彭波和邹华耀，2013）。

现今地温场的分布是古地温场演化的结果，在热史恢复过程中同时对古地温梯度演化过程进行恢复。结果显示渤海海域各重点凹陷现今地温梯度为历史最低地温梯度，整体地温梯度均呈现逐渐降低趋势，在东营组沉积前降低幅度较大，东营组沉积后缓慢降低，这与盆地整体的构造演化趋势一致，说明构造演化过程是影响盆地地温梯度变化的主控因素之一。但各构造单元地温梯度演化也存在明显差异性。东营组沉积后，地温梯度演化差异最明显，渤中凹陷低温梯度降低显著，莱州湾降低幅度最小[图 3-39（b）]。构造沉降史研究成果揭示渤中凹陷构造沉降速率较大是造成该地区地温梯度显著下降的原因，莱州湾沉降速率最小，因此该地区地温梯度下降幅度也相对较小[图 3-39（a）]。

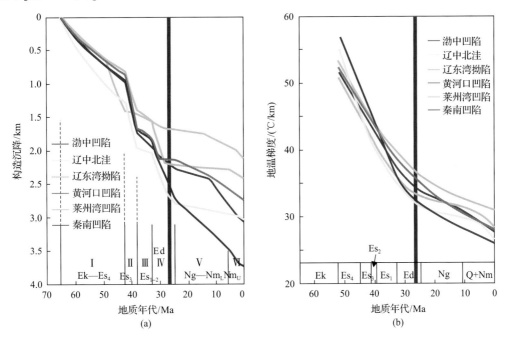

图 3-39　渤海海域重点凹陷构造演化史（a）及古地温梯度演化史（b）

2. 渤中凹陷烃源岩熟化速率

构造沉降史研究结果可知，渤中凹陷是渤海海域新生代以来的沉积沉降中心，与其他凹陷相比，渤中凹陷自馆陶组沉积以来基底构造沉降速率最大[图 3-39（a）]，这导致渤中地区沉积了巨厚的东营组,在凹陷中心基底现今最大的埋深已超过万米。快速沉积沉降也使渤中地区烃源岩在晚期(尤其是 5.1Ma 以来)快速熟化。从图 3-40 可以看出,渤中凹陷与渤海湾盆地其他地区或者凹陷相比,烃源岩具有较高的熟化速率(单位地质时间内 R_o% 值增量),明上段沉积以来热熟化速率可达 0.155,而除黄河口凹陷外其他地区或凹陷熟化速率不足 0.5。

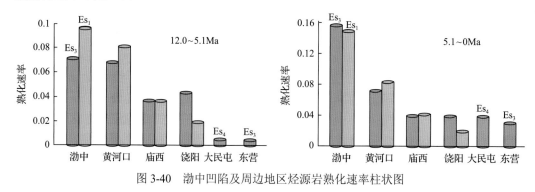

图 3-40　渤中凹陷及周边地区烃源岩熟化速率柱状图

3.3.4　天然气生气模式

1. 烃源岩生烃模拟实验

目前模拟烃源岩生烃的实验装置体系主要有开放体系、封闭体系和最近仍在研发的半开放体系。不同体系各有优缺点,均可在一定的程度上反应不同研究区的生烃状况。

开放体系热解方法的最大优点是设备简单,便于操作。实验温度可以加热到相对高的温度(800～900℃),几乎可完全反映烃源岩的生烃情况。目前开放模拟实验体系的最好设备是热解-气相色谱-同位素质谱连用仪。这种模拟设备的最大特点是热解室的样品分解生成的气体通过载气直接带到气相色谱仪和同位素质谱仪,可以对气体的地球化学特征进行在线分析。这种恒速升温实验可以方便、快速、准确计量产烃量,但难以直接获得产烃率与成熟度的关系。此外,开放体系是模拟油气产物随生随排的过程,实验最大的缺点是无法考虑压力对生烃过程的影响,而且在地质条件下,烃源岩的生烃并不是一种完全开放的体系,所以实验数据很难直接应用于地质条件。而且该体系下油气产物不经二次裂解,这与地质条件下产物生成后,主要残留于烃源岩中或排出到附近的储层继续经受相近的热成熟作用是明显不同的。目前,开放体系的实验多见于用于标定化学动力学模型,之后由所建立的化学动力学模型计算任一条件下的产烃(油、气)率。尽管如此,至今没有发现与开放体系下的实验产物对应的自然样品(Ruble et al.,2003),而封闭体系下的实验产物与自然样品的特征接近(图 3-41)。

封闭体系实验就是产物不能及时分离,上一阶段的产物也是下一阶段的反应物,即在高温压条件下液态烃与重烃气体组分都会发生裂解。国内外比较常见的封闭体系有如下 3 种。

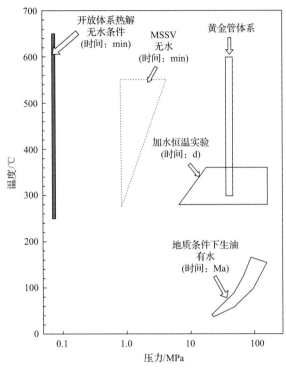

图 3-41　自然条件下油的生成与不同模拟实验体系下温压变化图（Ruble et al.，2003）

MSSV（microscale sealed vessel）为微型石英管封闭体系

（1）钢质容器封闭体系。该体系的最大优点是反应装置简单，易于加工。在高压釜体系中，通常能快速升温至待定的温度点，然后恒温 24~72h，进而测得气与油的组分产率，残渣用于测定反射率。该模拟实验体系的不足之处主要有：钢质材料在高温、高压条件下容易产生变形，使整个体系的密封性变差；目前的模拟温度一般不超过 600℃，很难完全反映源岩的最大生气量；金属在高温条件下可能会在源岩的生烃过程中起到催化剂的作用，影响源岩生烃能力的准确评价；此外也难以保持受热均匀。目前国外很多学者也在沿用类似的高压釜封闭体系（Lewan，1997），但对该体系进行了改装，他们的实验中加水量多（淹没样品），温度也不超过 365℃。

（2）微型石英管封闭体系（MSSV）。这是国内外使用较早的一种封闭模拟体系（如 Horsfield et al.，1992），该体系采用程序升温至待定的温度点，然后测气体与油组分的产率。由于石英管容易破碎，石英管的模拟实验结果不能反映压力对生烃作用的影响。

（3）黄金管模拟实验体系是目前比较受关注的一种新的封闭模拟实验系统。其工作原理是：模拟样品装在两头封闭的黄金管中，通过高压泵利用水对釜体内部施加压力。由于黄金具有良好的延展性，外部压力可以比较容易地传递到样品上。黄金管封闭模拟体系与一般钢质容器、石英管封闭模拟体系相比，其最大的优点是能探讨压力对生烃作用的影响，并能任意选择模拟升温速率。

目前国内外用于热模拟实验研究的样品根据不同的研究目的或需求主要可分为干酪根（或干酪根显微组分）、全岩和原油（或原油族组分）。国内外学者普遍采用干酪根用于生烃热模拟实验的研究（Behar et al.，1997；刘金钟和唐永春，1998；Dieckmann et al.，2000；

Schenk and Dieckmann，2004；Hill et al.，2007)，并取得一系列研究成果。尽管如此，考虑到烃源岩中不溶有机质(干酪根)是由有型的(藻类与各种壳质体等)与无形态(腐泥组分的一些壳屑等)的有机质组分组成，它们在干酪根的抽提过程中容易遭受损失，即获得的干酪根不一定能代表烃源岩中的原始有机组分；而全岩热模拟的方法能够避免这些因素的影响。

值得一提的是，烃源岩中含有微量元素和黏土矿物，它们的存在可能会对干酪根的裂解反应机理存在一定的影响。对于不同岩性的烃源岩样品，碳酸盐岩的岩样与干酪根的实验结果相差不大(图 3-42)。尽管如此，对于泥岩样品，可能由于黏土矿物的存在，在产物组成特征上，岩样与干酪根的实验结果有较大的差别(图 3-43)。肖芝华等(2008)研究发现，烃源岩中的无机矿物(或微量元素)对生气量及生气高峰有明显影响(图 3-44)。一般来说，无机矿物的存在可使有机质的生气高峰提前。黏土矿物中蒙脱石的影响一般更为显著(李术元等，2002)。Pan 等(2010)认为矿物在沉积盆地中油的裂解起重要作用，他们通过封闭体系下的实验证实，在油裂解成气过程中，蒙脱石与方解石抑制了甲烷碳同位素值的分馏作用，而对乙烷与丙烷的碳同位素值分馏无明显的影响。从有机与无机组成方面，热模拟实验模拟的是残余有机质的生烃过程；酸处理除了会忽略这些无机组分与黏土矿物的影响外，还会在一定的程度上对烃源岩有机质组成产生影响。

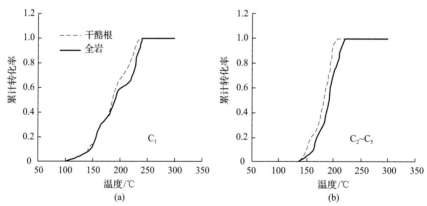

图 3-42　碳酸盐岩全岩与干酪根不同的气态烃组分累计转化率图(耿新华等，2005)

(a)甲烷；(b)重烃气(C_2～C_5)

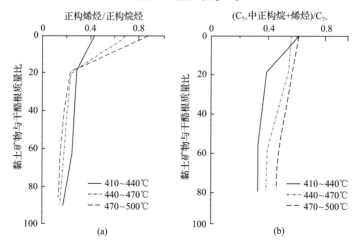

图 3-43　Ⅱ型干酪根与 3 种黏土矿物混合同时热解产物的化学组成变化图(高先志等，1997)

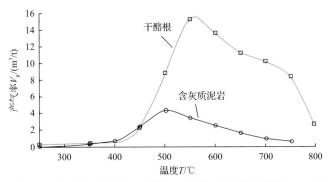

图 3-44　全岩与对应的干酪根产气率的对比(肖芝华等，2008)

如果仅用干酪根，在实验过程中若使用高压釜的实验体系，金属的催化作用很强烈。因此，为了尽可能地接近地质条件，根据实验需求选取烃源岩样品来模拟生烃演化过程。地质条件下，水是广泛存在的，因此本次的实验体系中均加入一定量的水来近似模拟地下的条件。据前人研究成果，水的存在可以抑制热解中水的生成，更有利于干酪根中氧以 CO_2 的形式除去。据国内外的加水的热模拟实验(高岗和柳广弟，2010；Lewan and Roy，2011)，在实验体系中加大量的水(使整个反应过程中样品能浸没于水中)，有利于油的排出并在一定程度上抑制油的裂解(图 3-45)。

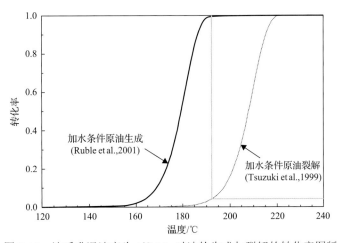

图 3-45　地质升温速率为 1℃/Ma 时油的生成与裂解的转化率图版

国内学者的加水封闭体系实验为加样品质量 10%～50%的水，气态烃与液态烃的产率都比较高。根据泥岩压实曲线，在生油门限附近泥岩孔隙度降至 10%～13%，在大量排烃阶段随着结晶水的大量排出，孔隙度下降至 5%左右。这说明自然剖面的烃源岩在排烃过程中，源岩中含水量总是在 20%以下(秦建中和刘宝泉，2005)。而地质条件下也很难有像 Lewan 和 Roy(2011)提及的模拟体系，国内的热模拟实验泥岩样品的加水量多为样品质量的 10%左右(刘全有等，2010)；此次实验的加水量为样品质量的 20%左右。

2. 热模拟实验产烃率特征

鉴于应用的广泛性和操作的可行性，本次的热模拟实验体系选择封闭的黄金管模拟实验体系，每个样品均使用了 2℃/h 与 20℃/h 的升温速率来模拟不同温度点（共 24 个温度点）的拟烃源岩生烃率。

为了确立渤海海域古近系烃源岩的生烃模型，必须将产烃率对应于镜质体反射率，而且镜质体反射率要能运用到地层条件下。目前国内外有关实验中镜质体反射率的使用主要分为三种：第一种是直接运用实测样品的镜质体反射率，但是对于不同实验条件下，不同的烃源岩样品实测的镜质体反射率值差别很大（图 3-46），实测值通常偏高，需要校正后才能应用到地质条件下；第二种直接用 $EasyR_o\%$ 动力学方程计算实验条件下的镜质体反射率；第三种就是将实验条件下实测的 R_o 值转化为镜质体反射率转换指数，进而利用动力学软件获取 R_o 演化的动力学参数。本次实验受限于金管的体积且样品为烃源岩样品，难以实测各模拟温度点残渣的镜质体反射率，由于样品量少，无法实测 R_o 来做镜质体演化的动力学参数，因此用 $EasyR_o\%$ 计算的 R_o 来表示烃源岩生烃过程中的成熟度的演化（图 3-46 中的彩色数据点）。这种计算的 R_o 也通常被国内外的学者用于干酪根生烃的定性与定量研究（Hill et al.，2003；Tian et al.，2008）。

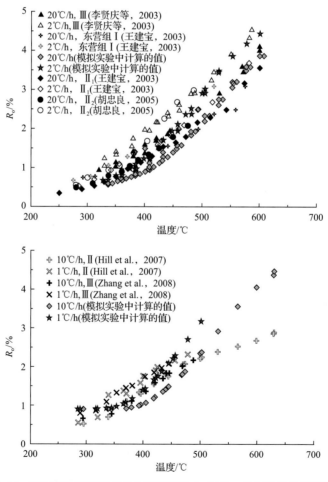

图 3-46　不同实验升温速率条件下实测的 R_o 与 $EasyR_o\%$ 计算的值对比图

如图 3-47 所示，随着成熟度开始增大，干酪根开始降解形成 C_{15+} 的大分子物质，同时一部分干酪根降解成小分子的气体烃类。随着 R_o 逐渐增大到接近 0.9% 时，达到一个生油高峰。在这段时期内，一些 C_{15+} 重质分子烃类裂解成了 $C_6 \sim C_{14}$ 的轻质油，气体烃类的来源主要还是干酪根。在 R_o 超过 0.9% 后，生油量开始减少，轻质油与气体开始增加，生油量的减少主要是 C_{15+} 的大分子物的裂解。在 R_o 接近 1.3% 时，轻质油达到生烃高峰，$C_1 \sim C_5$ 生成速率快速增大。在 R_o 超过 1.3% 后，轻质油裂解生成大量的气体，气态烃总量迅速升高。R_o 达到 3.0% 后原油几乎为 0，全部裂解成气，故这些气体主要是干酪根生成气与原油裂解气的混合。

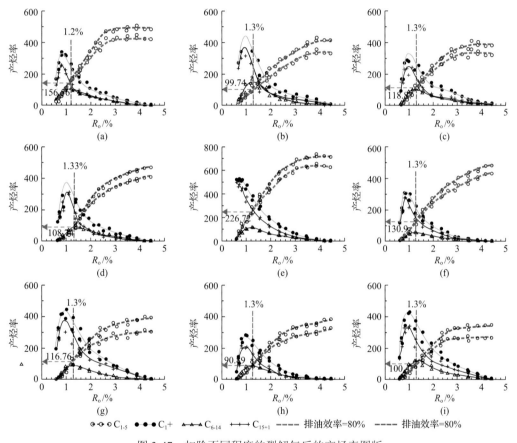

图 3-47　扣除不同程度的裂解气后的产烃率图版

(a) 锦州 20-1-1, E_3d_3; (b) 锦州 20-1-1, E_3s_1; (c) 锦州 20-1-1, E_2s_3; (d) 曹妃甸 23-1-1, E_3d_3; (e) 蓬莱 25-6-1, E_3s_1; (f) 蓬莱 19-3-8, E_2s_3; (g) 歧口 17-1-1, E_3d_3; (h) 歧口 17-1-1, S_1; (i) 歧口 18-1-1, E_2s_3; 产烃率的单位为 mg/g TOC 或 mL/g TOC

　　图 3-47 的 R_o 是基于动力学参数计算的，为了验证这一计算值的可靠性，在上述热模拟实验样品中选做三个不同层位的烃源岩样品做最大的生油率的实验(广州地化所完成)，恒温条件下 (336.5℃、360.5℃、384.5℃温度条件下恒温 72h) 东三段、沙一段、沙三段三套烃源岩的累计最大产油率分别为 483.9mg/g TOC、604.4mg/g TOC 与 388.7mg/g TOC。由图 3-48 可知，实验条件下计算的 R_o 对应的累计产油率已接近最大的生油率(约 80% 的油已经生成)，说明实验条件下的 R_o 约为 0.9% 时已经达到了生油高峰，后面累积生油产率曲线下降也是因为油的生成速率小于油的裂解速率。

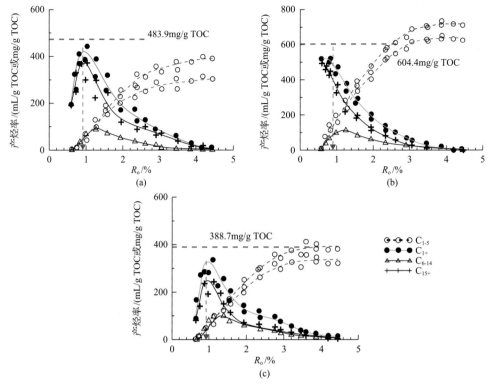

图 3-48　恒温最大的生油率与恒速升温的产烃率对比图
(a)歧口 17-1-1, E_3d_3；　(b)蓬莱 25-6-1, E_3s_1；　(c)锦州 20-1-1, E_2s_3

3. 烃源岩的生气模式

渤海海域古近系烃源岩以混合型母质为主，这与国内外典型富油气盆地的烃源岩有机质类似(王奇，2013)。国际上油型盆地(如北海盆地与墨西哥湾盆地)混合型母质既生油又富气，油气当量比高于1∶2。相比之下，渤海海域的油气比悬殊(气油比约为1∶14)。需要注意的是，国际上的油型盆地主要为海相有机质，然而陆相有机质生油生气潜力也较为巨大。因此，亟需对渤海海域混合型的母质的生气模式开展研究，明确生气演化过程。

烃源岩的生气模式的研究常用的方法主要有两种，即热模拟实验法和自然剖面法。热模拟实验是油气生成研究的重要手段之一，作为研究有机母质转化生烃最直接的方法，不仅可以确定有机母质转化生烃的组分、数量，而且还可以揭示这一转化过程中各种组分产出特征的变化规律，再现有机质在地质体中所经历的物理和化学演化过程，为成烃模式研究提供依据。

在地质条件下，烃源岩的生烃环境既不是一个完全的封闭体系，也不是一个完全的开放体系，而是一个边生边排的半开放体系，开放体系和封闭体系下的实验数据很难直接应用于地质实际。在实际应用过程中，应该考虑自然演化剖面和生烃模拟实验等方法相结合。

据前一节金管模拟实验所述，渤海海域古近系烃源岩的天然气较早就开始生成(R_o约为 0.6%)，在演化程度稍高时，虽然总油在降低，但主要是正常油向轻质油的转化阶段；而这一阶段天然气主要为原油伴生气(油裂解气近似忽略)。当 R_o 达到更高演化阶段后(R_o 大于 1.3%)，此时轻质油也开始裂解，此后则为热裂解生湿气阶段；而此时对应的仅由干酪根生成的气几乎已大量生成。因此将轻质油产率的最大峰值前所对应气体视为干酪根裂解气(即原油伴生气)，东三段、沙一段、沙三段三套烃源岩热模拟实验获得的最大原油伴生气产率的平均值分别为 126.68mL/g TOC、139.12mL/g TOC、116.73mL/g TOC。这值稍高于黄正吉(2003)开放体系下的生气热模拟实验的产气率(近似认为仅由烃源岩干酪根热降解所生成的天然气)。对比可知，封闭体系中原油伴生气的最大产率与开放体系中 II_1-I 的烃源岩最大的产气率接近(图 3-49)，而本次封闭体系下的模拟实验样品的有机质类型也正是这种类型，从而说明了在 R_o 约为 1.3%时，封闭体系下绝大部分的干酪根热降解气已经生成，后期以原油裂解气为主。

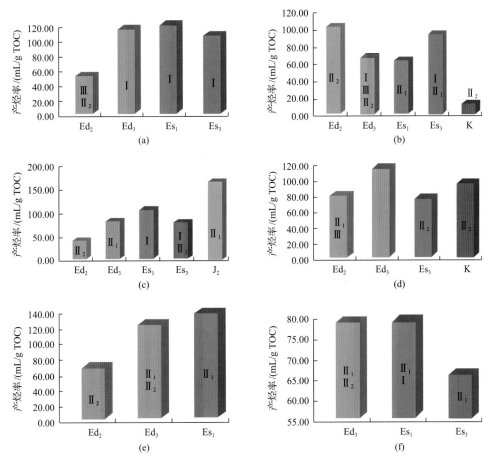

图 3-49　开放体系下各凹陷的生气模拟实验图版(据黄正吉，2003)

(a)沙南；(b)渤中；(c)歧口；(d)渤东；(e)黄河口；(f)辽东湾

在封闭体系下，实验产物的气油比随着成熟度有规律地变化，并且能用于地层条件下与自然产物进行类比分析。如前所述，本次的烃源岩的黄金管模拟实验分别测定了不同温度点的油与气的累积产率(不同温度点的金管)，也就是不同的成熟度时的油气产率值。根据前面伴生气与裂解气的分析，R_o 大于 1.3%以后主要是烃源岩中裂解气与油藏中的原油裂解成气，因此据本次实验结果计算了各成熟度点所对应的气油比值（gas to oil ratio，GOR）。从拟合的气油比值与成熟度的曲线可知，随着成熟度的增加，GOR 不断地增大，R_o 小于 1.0%时，GOR 增加得较慢；R_o 在 1.0%~1.3%时，GOR 显著增大，而这个成熟度累积的生油几乎已达最大，这显示这一阶段生成了更多的天然气，这与前面所得出的 R_o 约为 1.3%时为伴生气的生气高峰结论一致。当 R_o 大于 1.3%以后，GOR 增加的幅度更大，揭示了油裂解气的贡献多。图 3-50 显示了 R_o 在 1.0%时，GOR 为 0.25（气油比为 1:4），R_o 在 1.3%时，烃源岩累积伴生气量与油的比值 GOR 为 0.5（即气油比为 1:2），而渤海海域现今烃源岩的热演化程度普遍达到了这个值，说明渤海海域的古近系三套烃源岩具有高的生气潜力。

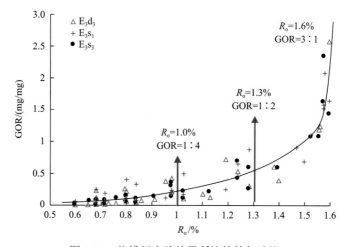

图 3-50　热模拟实验结果所计算的气油比

3.4　大型储集体形成条件

3.4.1　大型储集体类型与分布

渤中凹陷埋藏深度大，成岩作用强，但钻井揭示深层—超深层仍然发育多种类型的有效储集体。目前深层规模性储集体主要分布在古近系砂砾岩和潜山中，其中潜山根据地层与岩性的差异又可以进一步划分为下古生界碳酸盐岩潜山和太古界变质岩潜山（邓运华，2015；叶涛等，2019）。不同类型的储集体空间分布表现出明显的差异性，其中古近系砂砾岩储层主要发育在盆地（凹陷）的陡坡带，但分布范围局限，储层以低孔低渗为主，难以形成规模性油气藏；碳酸盐岩潜山在郯庐断裂以西较为发育，包括渤中凹陷西南部、渤南低凸起、沙垒田凸起北侧、石臼坨凸起和辽东湾探区的辽西低凸起，分布面积广但储层物性差，优质储层预测难度大。太古界古老变质岩潜山在全渤海均有展布，根据潜山形态可分为高位潜山和低位潜山（蒋有录等，2015），其中高位潜山主要分布在渤海各个凸起区，如沙垒田凸起和辽西凸起，低位潜山主要分布在凹陷内部，埋深较大，如渤中西南部渤中 19-6 构造深埋太古界变质岩潜山。

渤海湾盆地太古界变质岩潜山以富长英质组分为特色，主要岩石类型有变质花岗岩、斜长片麻岩、混合片麻岩、混合花岗岩和变粒岩等，表现出强烈的脆性，这类岩石对多期应力的响应表现为不同方向裂缝的交叉与复合，奠定了潜山内幕裂缝储层缝网化的基础。印支期以来的多期构造运动控制了太古界变质岩潜山裂缝型储层的形成。印支期受扬子板块与华北板块碰撞影响，产生大量近 NWW 向逆冲断层，发育大量近 NWW 向挤压裂缝；燕山期受太平洋板块沿 NWW 向向东亚大陆俯冲，郯庐断裂发生左旋挤压，派生出大量 NE 向剪切裂缝；喜马拉雅早期地幔柱活动引起盆地裂陷，形成大量张性断层，进而派生出近东西向拉张裂缝，发育 3 期构造裂缝，形成 3 组裂缝体系。潜山不仅发育上部风化壳储层，还可发育巨厚的内幕裂缝段，整体构成了变质岩巨厚的储集体。多年勘探实践表明，古近系砂砾岩、古生界碳酸盐岩和太古界变质岩成储机理具有明显差异，仅太古界变质岩潜山具备形成规模性油气田的潜力。

3.4.2　太古界变质岩潜山成储机理

1. 岩石时代及类型

对曹妃甸 1-6-1、曹妃甸 12-6-1 及渤中 19-6-2 井钻遇的变质岩进行锆石 U-Pb 定年分析，结合样品数据情况，选取谐和度大于 90% 的锆石 U-Pb 年龄。其中，曹妃甸 1-6-1 井 2814.1m 混合片麻岩测得 12 个谐和年龄，介于（2346±39）Ma 与（2542±36）Ma；曹妃甸 12-6-1 井 3345～3350m 片麻岩仅测得 1 个谐和年龄，为 3166Ma；渤中 19-6-2 井 3880～3890m 片麻岩测得 20 个谐和年龄，介于（2432±22）Ma 与（2531±31）Ma，上述年龄均证实其锆石形成于太古代—古元古代（王德英等，2019）。

受早期原岩类型丰富及后期多期变质作用影响，研究区变质岩潜山岩性类型多样，主要发育 5 大类岩石类型：①片麻岩，依据斜长石比率又可分为斜长片麻岩和二长片麻岩[图 3-51（a）]，可见片麻状构造、粒状变晶结构和交代穿孔结构，暗色矿物主要为云母类矿物，黑云母与长英质矿物呈定向产出，黑云母普遍发生绿泥石化；②变质花岗岩，主要发育变余半自形粒状结构，呈块状或弱片麻状构造，矿物中石英含量占石英和长石总含量的 20%～60%，根据斜长石比率又可分为变质英云闪长岩[图 3-51（b）]、变质花岗闪长岩[图 3-51（c）]和变质二长花岗岩[图 3-51（d）]；③混合岩，岩石由原区域变质岩基体和新生长英质脉体两部分组成[图 3-51（e）]，根据脉体和基体的含量，划分为混合片麻岩类和混合变质花岗岩类，发育片麻状、条带状构造；④碎裂岩和碎斑岩，原岩为片麻岩，岩石经历了强烈的破碎作用，岩石破碎严重，破碎后形成大小不一的碎块[图 3-51（f）]和碎斑，残留的较大矿物碎斑常孤立地被碎粒物质包围[图 3-51（g）]，基质主要为破碎的细小长英质，可见黑云母发生褶皱变形；⑤后期侵入岩脉，主要为后期岩浆侵入先期变质岩，呈脉状分布，岩石类型主要为花岗斑岩[图 3-51（h）]、闪长玢岩[图 3-51（i）]、辉绿岩[图 3-51（j）]和辉绿玢岩[图 3-51（k）]，这类岩体多以岩枝产状穿插于变质岩中（施和生等，2019）。

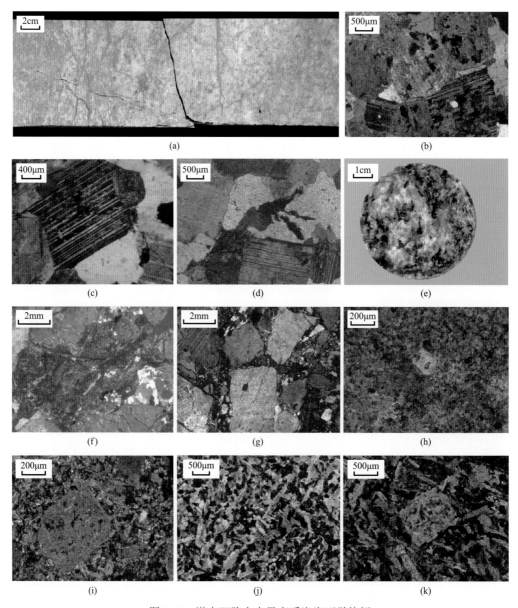

图 3-51　渤中凹陷太古界变质岩岩石学特征

(a)渤中 19-6-2 井,3877.7~3878.05m,黑云斜长片麻岩和变质二长花岗岩间互发育,岩心;(b)渤中 19-6-4 井,4518m,变质英云闪长岩,正交光;(c)渤中 19-6-4 井,4502m,变质花岗闪长岩,正交光;(d)渤中 19-6-4 井,4574m,变质二长花岗岩,正交光;(e)渤中 19-6-3 井,4414m,混合片麻岩,壁心;(f)渤中 19-6-2Sa 井,4265m,片麻质碎裂岩,正交光;(g)渤中 19-6-1 井,4169.5m,碎裂岩,正交光;(h)渤中 19-6-2Sa 井,4025m,花岗斑岩,正交光;(i)渤中 19-6-2Sa 井,4020m,闪长玢岩,正交光;(j)渤中 19-6-8 井,4700m,辉绿岩,正交光;(k)渤中 19-6-2Sa 井,4076m,辉绿玢岩,正交光

2. 储层特征与垂向分带

太古界变质岩潜山储集空间类型多样,根据岩心和薄片观察,储集空间按成因可分为风化淋滤孔(缝)、构造裂缝和矿物颗粒晶内裂缝:①风化淋滤孔(缝),构造抬升导致潜山暴露地表,在长期的风化作用下,潜山顶部形成大量风化淋滤孔缝[图 3-52(a)]及沿

裂缝的溶蚀孔扩大孔，储集空间类型为孔隙型和裂缝—孔隙型，这类储层物性好，油气测试产能高。②裂缝，可分为两种类型，一类为矿物颗粒晶内微裂缝，晶内裂缝主要发育在矿物晶体颗粒内部，形成时间较早，潜山早期在构造运动作用下形成大量裂缝，后期区域性走滑作用持续改造，形成大量碎裂岩和碎斑岩，在构造角砾内部继承大量先期形成微裂缝[图 3-52(b)]；另一类为构造成因裂缝，裂缝中充填碎基、方解石、铁白云石、铁质矿物[图 3-52(c)]，同一条裂缝中可见多期次不同矿物充填，岩心和镜下观察显示裂缝多期性明显，不同期次裂缝相互切割[图 3-52(g)]，晚期裂缝呈开启或半充填状态[图 3-52(d)，图 3-52(e)]，可作为油气有效储集空间，荧光下裂缝中可见大量有机质充填[图 3-52(f)]。

图 3-52 渤中 19-6 构造太古界变质岩储集空间特征

(a)渤中 19-6-4 井，4427m，风化砂砾岩，风化淋滤孔隙发育，单偏光；(b)渤中 19-6-1 井，4052m，长石颗粒晶体内部裂缝，正交光；(c)渤中 19-6-1 井，4122.6m，裂缝中铁质矿物充填，单偏光；(d)渤中 19-6-2Sa 井，3885m，晚期裂缝呈开启状态，单偏光；(e)渤中 19-6-4 井，4473m，裂缝中部分充填方解石，部分呈开启状态，单偏光；(f)渤中 19-6-1 井，4081.5m，裂缝中有机质充填，荧光；(g)渤中 19-6-7 井，4603.45~4603.96m，多期裂缝相互切割，岩心

利用渤中 19-6 构造旋转井壁取心和岩心资料，系统测定了 228 块太古界变质岩样品的孔隙度和渗透率，结果表明，变质岩潜山储层具有非常强的非均质性，孔隙度分布范围为 0.2%~17%，平均孔隙度为 5.7%，渗透率分布范围为 $(0.003\sim156.5)\times10^{-3}\mu m^2$，平均渗透率为 $4.8\times10^{-3}\mu m^2$（图 3-53）。根据储层物性频率分布特征，研究区储层孔隙度和渗透率都较低，94%以上的样品的孔隙度小于 10%，96%以上的样品的渗透率小于 $1\times$

$10^{-3}\mu m^2$，与储层整体埋藏深度大有关。

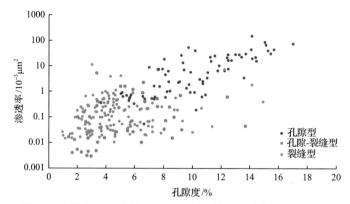

图 3-53　渤中 19-6 构造太古界变质岩储层孔隙度-渗透率关系

研究区太古界变质岩储层在垂向上分带性明显，整体上可分为第一和第二两个储层段，在 2 个储集层段之间发育 200～300m 厚的致密带(图 3-54)，致密带岩性与第一储层带和第二储层带差别不大，主要由潜山内幕断层分布的不均一性导致，致密带部位内幕断裂不发育，不能作为良好的天然气储集体(薛永安和李慧勇，2018；徐长贵等，2019)。

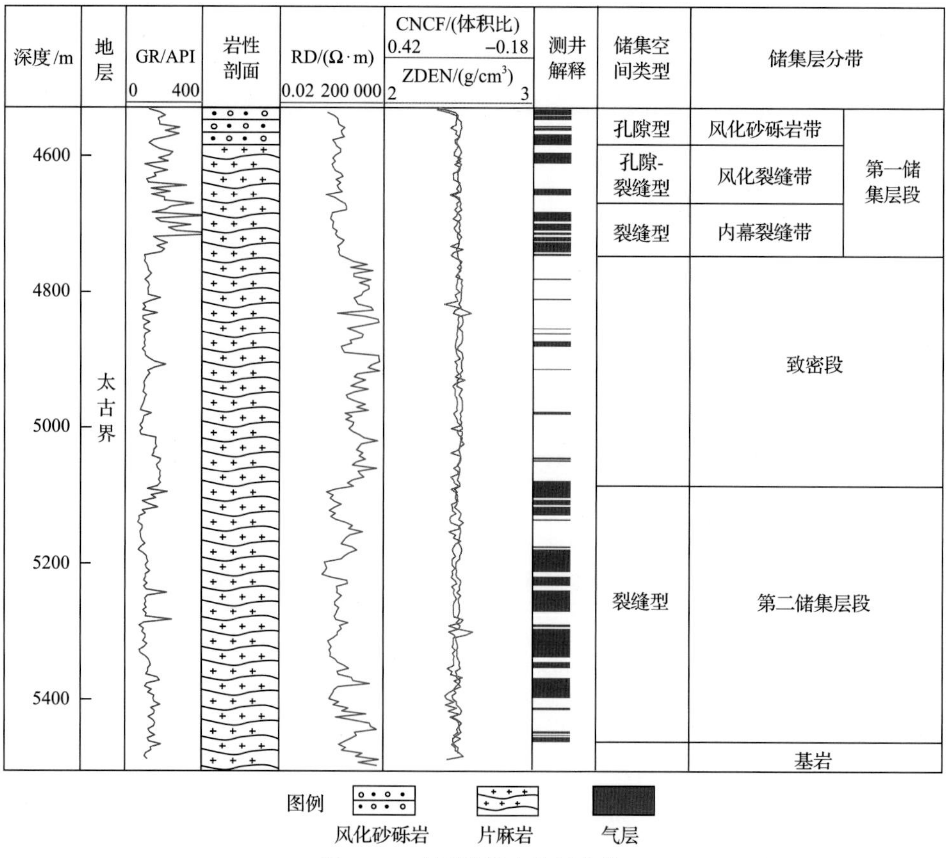

图 3-54　变质岩潜山储层分带

CNCF 为补偿中子；ZDEN 为密度

第一储层段的气层厚度为 40～300m，储层净毛比为 0.18～0.68，孔隙度分布范围为 0.6%～17%，平均孔隙度为 7.1%，渗透率分布范围为 $(0.05～90.3)×10^{-3}μm^2$，平均渗透率为 $7.4×10^{-3}μm^2$，不同井区储层发育程度存在较大差异。受风化淋滤作用影响，优质储层集中发育在潜山顶部 120m 之内，下部储层受岩性和断裂发育程度影响呈现优质储层和差储层间互发育的特点。第一储层段从上往下分为风化砂砾岩带、风化裂缝带和内幕裂缝带。风化砂砾岩带分布在潜山顶部，主要由风化淋滤作用形成，风化砂砾岩成分以变质岩颗粒为主，储集空间为孔隙型，发育少量裂缝，储层物性最好。风化裂缝带发育在潜山上部，受构造作用和风化淋滤作用双重影响，储集空间类型为孔隙-裂缝型和裂缝型，镜下可见大量沿裂缝发育的溶蚀扩大孔。内幕裂缝带以构造成因为主，可见长石矿物在构造应力作用下发生解理应力变形及断裂带中大量碎基充填现象。

第二储层段主要为构造作用形成的裂缝性储层，厚度约 230m，净毛比为 0.52，孔隙度分布范围为 0.2%～10.9%，平均孔隙度为 2.8%，渗透率分布范围为 $(0.04～0.06)×10^{-3}μm^2$，平均渗透率为 $0.05×10^{-3}μm^2$，镜下和成像测井均可见大量裂缝发育，分带性不明显。

基岩带位于潜山最下部，主要为受风化和构造作用影响微弱的新鲜岩石，裂缝不发育，是变质岩潜山储层物性最差部位，为非储层。

由于太古界变质岩潜山存在两个明显的储层段，该气田在潜山顶面之下一千多米处仍然存在良好的储层，储层总厚度巨大，大大拓宽了潜山的勘探领域。

3. 储层成因机理

1）岩性对储层的影响

勘探实践证实暗色矿物含量与孔隙度密切相关，以锦州 25-1 南片麻岩潜山为例，暗色矿物含量较高的岩心段，孔隙度平均值只有 0.58%，暗色矿物含量较低段，孔隙度可达 5.6%（周心怀等，2005）。岩心观察也表明暗色矿物含量较高段裂缝不发育，岩心致密，基本保持原岩形态，而暗色矿物含量较低段裂缝发育，岩心破碎，风化作用强（侯明才等，2019；施和生等，2019）。辽河油田的岩石力学实验表明，富含暗色矿物的角闪岩抗压强度和抗剪强度都要大于暗色矿物含量较低的酸性侵入岩（蔡国刚和童亨茂，2010）。因此，岩石的矿物成分，尤其是暗色矿物含量对片麻岩潜山成储能力具有决定性影响。

渤中 19-6-1 井潜山上部 4024～4136m，岩性以二长片麻岩为主，岩石中长英质等脆性矿物含量高，储层孔隙度分布范围为 1.2%～12.8%，平均孔隙度为 4.7%，绿泥石含量分布范围为 4%～10%，平均含量为 6.6%，电阻率平均值为 243Ω·m，综合解释气层为 99.8m，大部分均可作天然气储层。潜山下部 4136～4180m，岩性以黑云二长片麻岩为主，薄片下可见大量黑云母定向排列，并普遍发生绿泥石化，X 衍射显示此段储层中绿泥石含量为 61.8%，储层孔隙度分布范围为 1.2%～5.2%，平均孔隙度为 2.6%，电阻率平均值为 1110Ω·m，综合解释气层为 6.8m（图 3-55）。通过上下储层段数据对比表明，潜山上部储层中长英质含量高，下部暗色矿物含量高，在相同构造应力作用下，上部地层脆性强，较下部地层更易形成裂缝，因此潜山上部储层更发育。

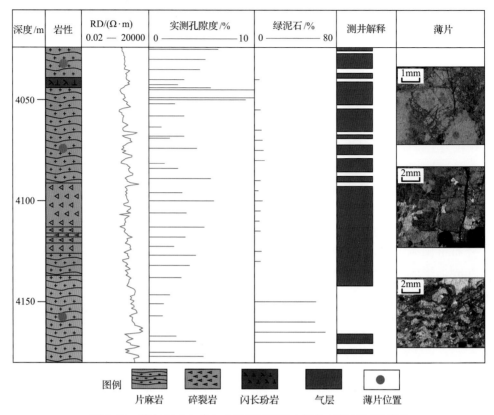

图 3-55 渤中 19-6-1 井太古界变质岩潜山岩性与储层对应关系

2) 构造作用对储层的影响

多期构造作用是太古界变质岩潜山优质储层形成的关键，构造裂缝是研究区主要的储集空间类型，同时也为后期的溶蚀提供了流体通道。华北克拉通自破坏以来经历了多期构造运动，主要包括印支期近 NS 与 NE 向挤压、燕山期走滑活动和喜马拉雅期的多期拉张。

印支期受扬子板块与华北板块碰撞影响，产生大量近 NWW 向逆冲断层，同时伴生形成了逆冲相关褶皱，逆冲相关褶皱在平面上可形成不同的构造带，被动盘在靠近断裂带附近可形成大量的裂缝，而主动盘不同的构造带储层发育又具有明显的差异。主动盘可进一步划分为前翼带、转折端带和后翼带，主动盘在转折端带裂缝最为发育，测试产能亦高，前翼带储层次之，后翼带整体储层相对最差(图 3-56)。

燕山期太平洋板块沿 NNW 向向东亚大陆俯冲，郯庐断裂发生左旋走滑逆冲，部分断层现今仍然保持着逆冲的特征，此时形成的走滑逆冲断块内同样发育了大量的裂缝，如渤中 13-2-2 井、渤中 13-2-4 井；喜马拉雅早期受走滑由左旋向右旋演变，同时地幔柱活动引起盆地裂陷，形成大量近 SN 向张性断层，进而形成了多走向的裂缝，受走滑活动影响强烈的区域发育 NE 向裂缝，如渤中 19-6-2Sa 井，受正断层影响的区域则主要发育近 EW 向裂缝。多期次的构造裂缝使潜山不仅发育上部风化壳储层，还可发育巨厚的内幕裂缝段，整体构成了变质岩储集体巨大的储集空间(图 3-57)。

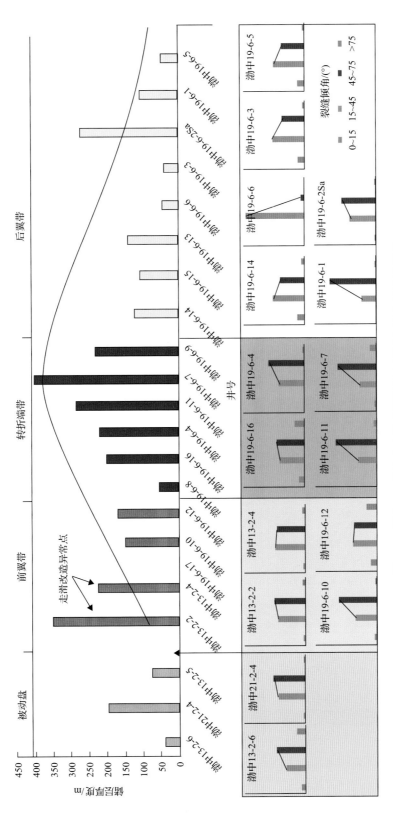

图3-56　渤中19-6构造太古界变质岩潜山储层与印支期构造关系

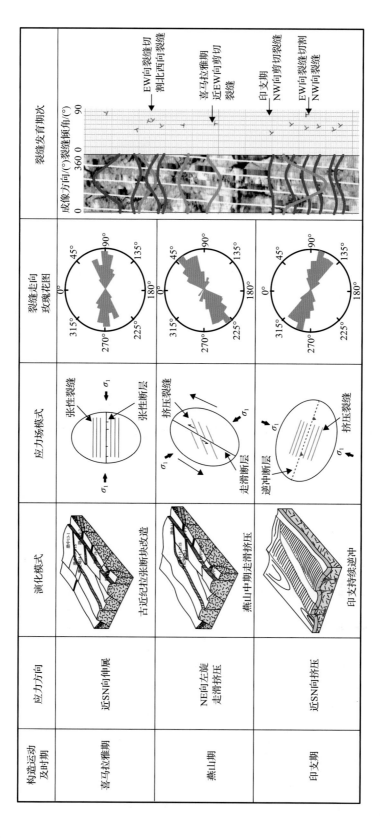

图3-57　不同期次构造运动与裂缝成因关系

σ_1为最大主应力

3）流体对储层的影响

风化淋滤过程中矿物差异溶蚀作用对花岗岩和长英质变质岩等结晶岩储层品质影响较大，长石类矿物的溶蚀是长英质变质岩类优质储层形成的主要机理。为此，对花岗岩进行大气水-矿物溶蚀实验，实验温度设置为 60℃，通过提高反应温度来补偿反应时间。实验结果表明，实验前钠长石表面无附着物，未见溶蚀现象[图 3-58（a）]，反应后钠长石在60℃条件下形成溶蚀坑，沿解理发生微弱溶蚀[图 3-58（b）]；实验前钾长石表面无附着物，未见溶蚀现象[图 3-58（c）]，钾长石在 60℃条件下出现溶蚀坑沿解理发生微弱溶蚀[图3-58（d）]。由此可知，长石矿物解理发育，在风化淋滤过程中易沿解理面发生蚀变，其蚀变部位在水介质作用下，沿水溶液渗流，将水解物质带走，形成各种溶蚀孔隙。因此，花岗岩和长英质变质岩等结晶岩中长石类矿物的溶蚀是形成优质储层关键。

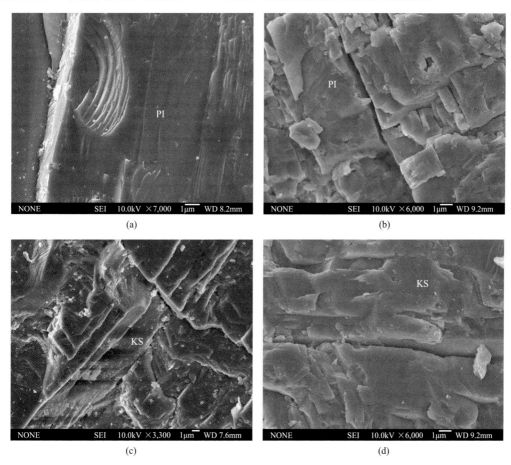

图 3-58 变质岩大气水溶蚀物理模拟实验

(a)实验前钠长石表面无附着物，未见溶蚀现象；(b)钠长石在60℃条件下形成溶蚀坑，沿解理发生微弱溶蚀；(c)实验前钾长石表面无附着物，未见溶蚀现象；(d)钾长石在60℃条件下出现溶蚀坑沿解理发生微弱溶蚀

渤中地区太古界变质岩在地质历史时期长期暴露于地表，岩石遭受了风化、剥蚀，使抗风化能力差的长石类矿物发生蚀变，大大增加了岩石的破碎程度，物理风化作用后，化学淋滤溶蚀作用对储层进行更进一步的改善，加大了裂缝的开度，使储层物性变好，

有利于油气的储集和运移。尤其在潜山顶部和平缓部位，极易形成厚层风化壳，形成优质储层。

除了大气淡水风化淋滤作用外，深部流体的注入对潜山储层也具有重要改善作用。深部流体类型主要有幔源 CO_2、烃类等，对早期裂缝再活化，形成沿裂缝的溶蚀扩大孔具有重要意义。通过对裂缝中充填石英的包裹体成分进行激光拉曼分析证实，CO_2 含量可占 40%左右，同时 N_2 亦可占 40%左右。结合 CO_2 碳同位素分析证实，CO_2 确为无机成因，表明研究区有大量幔源流体的活动，在岩心和薄片中可见大量溶蚀现象（图 3-59）。

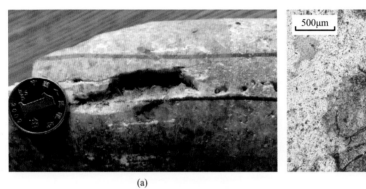

图 3-59　渤中凹陷变质岩潜山沿裂缝溶蚀扩大孔
(a)渤中 19-6-7 井，4685.12m，岩心中溶蚀现象；(b)渤中 19-6-7 井，4700m，长石矿物中沿裂缝溶蚀扩大孔

4. 储层发育模式

渤海湾盆地太古界深埋变质岩潜山储层垂向发育规律明显，主要受控于上覆地层年代、距离断层远近和古地貌差异。潜山顶部具有残丘地貌，风化作用强烈，不整合面之上相对较低位置发育一套近源堆积砂砾岩层，共同构成由不整合面控制的"似层状"储层发育模式。中部是由风化作用和构造裂缝共同控制的"立体网状"储层发育模式，裂缝发育程度较高，能够形成多套碎裂带，在立体空间内形成网状裂缝体系。下部储层是由断裂控制的"枝状"裂缝发育模式，裂缝的发育主要受断层控制，局部形成碎裂带。底部为致密基岩带，以致密层为主。横向上不同地貌形态导致储层分布规律具有显著差异，构造高部位风化作用形成的风化砂砾岩被快速剥蚀搬运，不易保存，缺失顶部风化砂砾岩带，但是高陡部位高角度断裂发育，沿断裂的风化淋滤作用可延伸到潜山更深部位，由风化和构造作用相互叠加形成的优质储层发育带。平缓凹槽地区，潜山地貌较平缓，局部发育低洼凹槽，变质岩潜山风化淋滤作用产物相对易于保存，并形成风化黏土层的局部聚集，在局部小型地堑区也发现了薄层煤层。潜山顶部风化砂砾岩带发育，可作为天然气优质储层。构造低部位潜山被孔店组巨厚砂砾岩长期覆盖，风化作用对储层改造时间短，潜山储层整体发育程度稍差。综合岩性、构造作用和风化作用等多因素建立了渤中地区"垂向贯通，横向连续"大型变质岩潜山优质储层分布模式（图 3-60）。

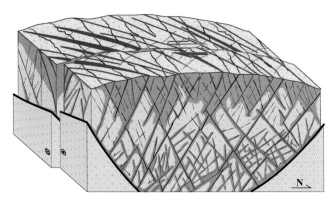

图 3-60　渤中凹陷大型变质岩潜山优质储层成因模式

3.4.3　其他类型储集体成储机理

1. 古生界碳酸盐岩潜山成储机理

碳酸盐岩潜山储集岩在我国潜山油气田中占有极其重要的位置，近几年，中海石油(中国)有限公司天津分公司在渤中凹陷、渤南低凸起古生界碳酸盐岩潜山中均取得了较好的油气发现，在区域内先后发现了渤中 28-1 油田、渤中 21/22 含气构造、渤中 22-23含油气构造和渤中 29-3 含油构造，展示了古生界碳酸盐岩潜山良好的勘探潜力。

1) 储层特征

通过岩心观察、铸体薄片及扫描电镜观察认为奥陶系碳酸盐岩储层原生孔隙大多被后期成岩作用改造，镜下很难识别出有效原生孔隙，储层储集空间主要是多期溶蚀作用形成的次生孔隙及与构造相关的裂缝。

次生孔隙主要包括晶间溶孔、晶内溶孔、粒间溶孔、粒内溶孔及溶洞。晶间溶孔主要发育在白云岩中，由晶间孔溶蚀扩大而成，最大直径可达 20μm，一般为 5～20μm，在下古生界碳酸盐岩易发生溶蚀的部位普遍发育[图 3-61(a)]。晶内溶孔主要是泥晶或颗粒内方解石晶体发生不均匀溶蚀，导致晶体内形成直径约 2μm 的微孔隙，连通性差[图 3-61(b)]。粒间溶孔由碎屑颗粒间胶结物被溶蚀而成，主要发育在藻团粒和砂屑灰岩中，形态不规则，孔径变化较大，连通性较好[图 3-61(c)]。粒内溶孔是生屑及砂屑等颗粒内部遭受溶蚀作用而形成粒内溶孔，研究区常见生物碎屑内溶孔，是生物死亡后其骨骼及碎片随泥晶碳酸盐颗粒一起沉积、压实、重结晶，形成亮晶方解石，后期遭受地层流体溶蚀作用而成[图 3-61(d)]。此外还见脉内溶孔，是地下水或地表水对碳酸盐脉体溶解而成，多发育在方解石脉中央部位，方解石沿裂缝两壁充填过程中尚未充填的残留部分，粗的方解石晶体呈马牙状或溶蚀港湾状伸向残留缝内。由于方解石晶体较大，这些脉间溶孔也较大，并且连通性较好[图 3-61(e)]。岩心中未见大型溶洞，仅观察到一些小溶洞常被方解石或晶簇状方解石充填[图 3-61(f)](赵国祥等，2015)。

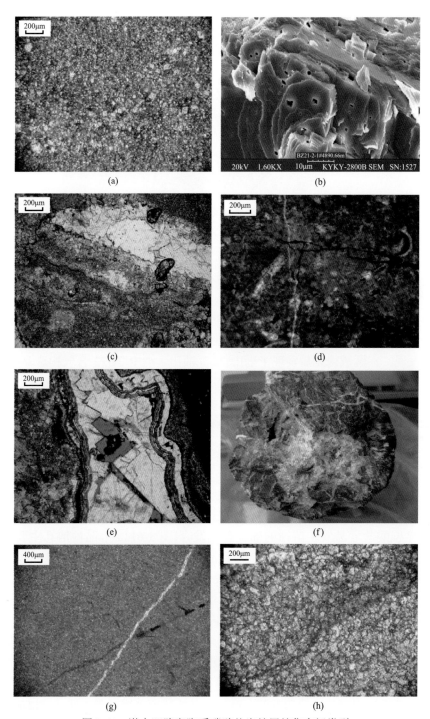

图 3-61　渤中凹陷奥陶系碳酸盐岩储层储集空间类型

(a)白云石晶间溶蚀形成晶间溶孔(渤中 22-1-2 井，4423.5m，铸体薄片，单偏光)；(b)方解石晶体差异溶蚀形成晶内溶孔(渤中 21-2-1 井，4890.66m，扫描电镜)；(c)粒间溶孔(渤中 22-1-2 井，4417.2m，铸体薄片，单偏光)；(d)粒内溶孔(渤中 21-2-1 井，4891.1m，铸体薄片，单偏光)；(e)胶结方解石脉发生溶蚀(渤中 22-1-A 井，4408.6m，铸体薄片，单偏光)；(f)岩心观察的小型溶洞(渤中 21-2-1 井，4888.7m，该溶洞大小为 2.7cm)；(g)构造缝后期遭方解石充填(渤中 22-1-2 井，4419.5m，铸体薄片，单偏光)；(h)后期溶蚀改造的溶蚀缝(渤中 22-1-2 井，4435.1m，铸体薄片，单偏光)

　　研究区裂缝及微裂缝发育，包括构造缝、溶蚀缝和压溶缝。其中构造缝较平直，缝宽在 3～10mm，缝内大多被方解石充填，同时发育暴露地表或近地表的岩层受风化作用影响产生的破裂缝，其产状复杂，裂缝宽度变化大，多发育在风化壳附近，后期大部分被泥质和方解石充填[图 3-61(g)]；溶蚀缝是由地下水沿风化裂缝、构造裂缝溶蚀扩大而形成的空间，其特点是裂缝两壁凹凸不平，同一裂缝的宽度不一，多发育在潜山上部及近断层处[图 3-61(h)]；压溶裂缝是成分不太均匀的碳酸盐岩，在上覆地层静压力作用下，富含二氧化碳的地下水沿裂缝或层理流动，发生选择性溶解而成的。有平行、垂直和斜交层面 3 种情况，多以水平缝合线为主，少量垂直或斜交缝合线。

　　根据渤中 22-1-2 井 18 个壁心实测孔隙度值(由于样品原因渗透率未能测出)，参照中国海洋石油总公司企业标准——《储盖层定量评价规范》，研究区奥陶系碳酸盐岩储层孔隙度为 1.1%～16.7%，平均值 4.6%，为中等储层，但纵向上储层孔隙度并不随埋深增加而降低，个别深度(如 4423.5m 处孔隙度可达 16.7%)孔隙度较高，储层非均质性较强，不均匀溶蚀作用较为发育，而铸体薄片下面孔率统计(表 3-5)显示研究区储层物性主要与溶蚀作用有关，意味着成岩作用下的溶蚀作用对储层的改造是储层非均质性强的主要原因。

表 3-5　渤中 22-1-2 井铸体薄片面孔率统计及实测孔隙度表

深度/m	面孔率/%		实测孔隙度/%
	溶蚀孔	裂缝	
4368	1	0	1.1
4375	1	0	1.1
4383	1	0	1.1
4389	0	0	1.2
4389.5	5	1	8.1
4408.6	0	0	1.1
4417.2	1	1	2.9
4419.5	0	0	1.2
4423.5	2	4	16.7
4435.1	0	0	2
4442.3	4	0	10.5
4466.3	0	0	1.2
4486.3	4	1	8.4
4509.5	0	1	1.3
4513	0	0	1.4
4548	0	1	2.2

　　2)储层形成机理

　　碳酸盐岩优质储层的形成受岩性-岩相、构造、岩溶和成岩作用共同控制。首先，岩性和沉积相带对储层是否发育具有重要控制作用，表现在白云岩段储层相对发育，而岩性往往受沉积旋回的控制，局限台地的潮下带和开阔台地的台内滩亚相为有利相带。

　　不同沉积相带碳酸盐岩储层的原始组成物质不同，其成岩与孔隙演化亦存在差异，故形成的储集空间类型与特性也不同。台内滩和潮下带环境中水动力相对较强，沉积物经过反复淘洗，岩性较纯，多发育纯灰岩或白云岩，以粒屑结构为主。先存孔隙结构中基质孔隙比较发育，经后期暴露剥蚀，更易发生溶蚀作用，且孔隙溶蚀扩大，次生孔隙增多，能形成较好的岩溶储层，储集空间以孔洞-裂缝型为主。台内滩微相溶蚀孔洞发育，部分被充填，储集空间以孔洞-裂缝型为主，孔隙度平均为 7%；潮下带微相白云岩储层发育多期溶蚀裂缝，呈半充填，储集空间主要为裂缝-孔隙型，孔隙度约 6%。滩间和潮间带环境中水动力条件较弱，形成的沉积物岩性较致密，多含泥质，基质孔隙基本不发育，不利于后期溶蚀，溶孔溶缝不太发育且被完全充填，储集空间以裂缝型为主，孔隙度平均为 2%。实测孔隙度数据分析也表明，台内滩和潮下带微相形成的储层物性较好，而滩间和潮间带微相储层物性较差(华晓莉等，2017)(图 3-62)。

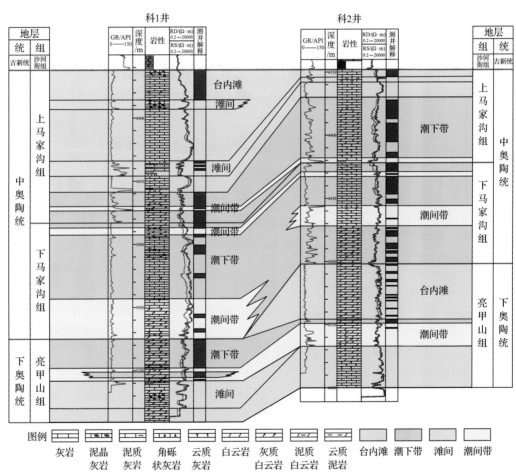

图 3-62　渤海湾盆地渤中 21/22 构造区奥陶系沉积微相与储层关系图

　　岩溶作用是提高碳酸盐岩储层孔渗性的重要建设性成岩作用，通过岩心、薄片观察分析揭示，研究区内普遍见有溶蚀孔洞、粒内溶孔、晶间溶孔、溶蚀缝、溶蚀孔隙等与岩溶作用相关的现象，表明岩溶作用在研究区内普遍发育，同时也是形成区内碳酸盐岩潜山储集空间的主要原因之一。研究区加里东运动使华北地台整体隆升为陆地，碳酸盐岩潜山遭受长期的风化剥蚀，经历长时间的表生岩溶作用，燕山活动末期本区再次抬升遭受剥蚀，进而对古老岩溶地貌再次进行改造。岩溶储层的发育分布受古岩溶地貌的严格控制，不同的古岩溶地貌单元有着不同的水动力条件并控制着古岩溶的发育。风化壳岩溶储层厚度在岩溶斜坡带普遍高于岩溶高地带，岩溶斜坡上钻探的风化壳岩溶储层厚度主要分布在 90～130m，最高可达 240m；岩溶高地上钻探的风化壳岩溶储层厚度在 100～110m。平面上，风化壳岩溶带内油气分布在岩溶高地和岩溶斜坡内，呈现连片分布的特征，油气分布受局部构造圈闭控制较小，主要受岩溶古地貌所控制(于海波等，2015)(图 3-63)。

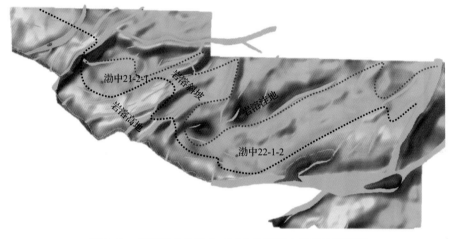

图 3-63　渤海湾盆地渤中 21/22 构造区古岩溶地貌特征

埋藏期成岩作用对碳酸盐岩储层也具有重要的影响。通过对研究区取心井岩心裂缝充填物流体包裹体测温等分析，证实奥陶系地层裂缝中的充填物具有明显的世代性，由基岩向缝洞中心存在多期方解石充填。包裹体分析显示约 60%的胶结物其流体包裹体均一化温度在 140～170℃(图 3-64)，说明为晚期成因，意味着大量充填方解石是在埋藏环境下形成的，证实晚期在深埋过程中发生了强烈的成岩作用，这为埋藏岩溶提供了条件。新生代烃源岩生成的有机酸及深部热液沿着先期孔洞层和断裂裂缝等进行溶蚀，使早期的储层得以进一步改善，更为重要的是在潜山内部形成了大量的顺层溶蚀孔，这类储层不受风化壳的控制，以内幕型储层为主，使潜山的整体的勘探深度大大增加。

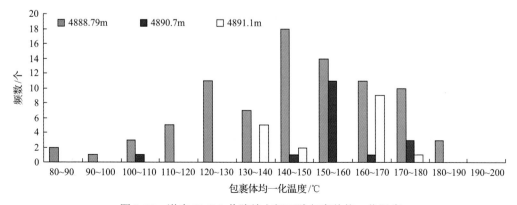

图 3-64　渤中 21-2-1 井胶结方解石脉包裹体均一化温度

3) 储层发育模式

综上所述，深层碳酸盐岩储集体是有利沉积相带经过表生岩溶和深埋岩溶作用叠加的结果。岩性和沉积相是碳酸盐岩潜山储层形成的基础，纵向上可划分为开阔海、局限海、潮间坪、潮坪、浅滩等沉积相带，油气主要分布在局限海、潮间坪和潮坪沉积相带中的白云岩和部分灰岩之中。岩溶作用是碳酸盐岩潜山储层形成的关键，表生岩溶型储层的形成与不整合面遭受风化、淋滤作用密切相关。纵向上主要分布在不整合面顶部以下 0~250m。埋藏岩溶与有机酸及深部热液有关，在潜山内幕形成层状内幕储集体；平面上储层分布受岩溶古地貌控制，风化壳岩溶型储层主要分布在岩溶斜坡相带内，内幕溶蚀型储层主要沿断裂带以及与断裂带搭接呈层状分布（图 3-65）。

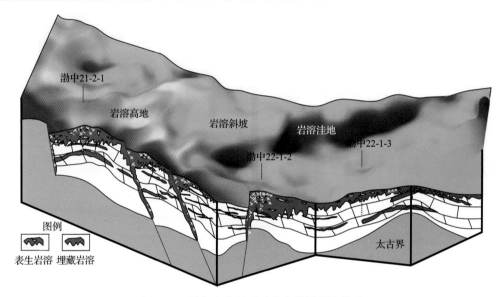

图 3-65 渤海古生界碳酸盐岩储层展布模式

2. 古近系砂砾岩体成储机理

近年来，渤海湾盆地在古近系砂砾岩体油气藏勘探方面取得重大进展，陆续发现了渤中 19-6、曹妃甸 6-4、秦皇岛 29-2 东等一批规模性油气藏，展示了渤海海域砂砾岩储层勘探的巨大潜力，为渤海油田后续发展提供了有力的储量支持。勘探开发实践表明古近系砂砾岩储层受沉积作用、成岩作用影响，储层非均质性强、物性差异大。因此，明确砂砾岩体内优质储层发育的主控因素及分布规律是勘探评价过程中亟待解决的关键问题。

1) 砂砾岩储层特征

古近系厚层砂砾岩体岩性主要为砾岩、砂质砾岩、砾质粗砂岩和凝灰质砂砾岩，含有少量粗砂岩、细砂岩，砂砾岩之间泥岩较少发育，颜色主要以灰色、灰绿色为主。由多个下细上粗反旋回叠置而成，但整体向上变细构成正旋回，总体厚度较大，最大厚度可达 550m。成分统计表明，岩石以成分成熟度和结构成熟度均较低的砾质粗粒岩屑长石砂岩为主，长石岩屑砂岩少见[图 3-66(a)]。石英含量在 10%~44%；长石主要为钾长石与

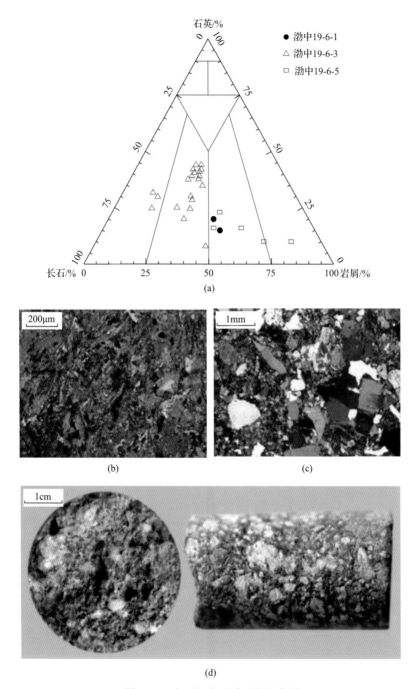

图 3-66　岩石组分及砾石成分类型

(a)孔店组岩石组分三角图；(b)渤中 19-6-1,3693m，玄武岩砾石；(c)渤中 19-6-1,3545.45m，
花岗岩砾石；(d)渤中 19-6-1,4011m，凝灰质砂砾岩

斜长石两种类型，含量在 23%～55%；岩屑主要为火山岩与变质岩，含量在 15%～67%。
火成岩岩块主要为中酸性喷出岩岩屑，含量在 5%～17%，变质岩岩块主要为变质花岗岩
岩屑，含量在 40%～50%。粒间填隙物主要为砂质，分布普遍，均匀充填粒间。泥质含

量在 1%～5%，见少量白云石、铁白云石、高岭石和菱铁矿。垂向上可分为上下两段，下部为凝灰质砂砾岩，上部为砂砾岩，且上部砂砾岩从下至上粒度逐渐变细，分选逐渐变好，整体表现为正韵律特征，内部夹薄层泥岩（氧化色），反映多期次沉积旋回。砂砾岩陆源碎屑含量高，杂基和胶结物含量较低。砾石总体分选差—中等，磨圆度中等，局部可见棱角状。砾石成分分为两种，主要为变质花岗岩，少量基性喷出岩。变质花岗岩砾石粒径较小[图 3-66(b)]，分选较好，基性喷出岩砾石粒径较大，次棱—棱角状[图 3-66(c)，图 3-66(d)]。

砂砾岩在 3400～4300m 的深埋条件下依然发育优质储层。根据大量铸体薄片观察，结合储层特点及形态特征，砂砾岩储层储集空间复杂，类型多样，主要发育粒间原生孔[图 3-67(a)]、粒间溶蚀孔和粒内溶蚀孔[图 3-67(b)]，溶蚀矿物主要为长石[图 3-67(c)]，粒间和粒内均可见方解石胶结[图 3-67(d)]，另外镜下可见砾石内部发育大量裂缝[图 3-67(e)]及沿裂缝发育的大量溶蚀扩大孔[图 3-67(f)]。

图 3-67　孔店组砂砾岩储集空间特征

(a)渤中 19-6-1 井，3595m，粒间原生孔；(b)渤中 19-6-3 井，3816.45m，长石粒内溶蚀孔；(c)渤中 19-6-3 井，3858.3m，粒间、粒内溶蚀孔；(d)渤中 19-6-5 井，3510m，粒间粒内方解石胶结；(e)渤中 19-6-5 井，3710m，砾石内裂缝发育；(f)渤中 19-6-1 井，3858.28m，砾石内沿裂缝溶蚀扩大孔

对砂砾岩储层近 383 块岩心及壁心样品的物性统计表明，孔店组砂砾岩孔隙度为 0.3%～17.7%，渗透率为 $(0.0175～29.4) \times 10^{-3} \mu m^2$（图 3-68），属于特低孔—特低渗储层，以产气为主。近 90%储层孔隙度在 5%～15%，近 70%储层渗透率超过 $1 \times 10^{-3} \mu m^2$，物性纵向分布差异明显，上部砂砾岩孔隙度平均为 8%，为凝析气储层段，中部孔隙度平均为 5.9%，为干层段，下部凝灰质砂砾岩孔隙度平均为 5.6%，为非储层段。

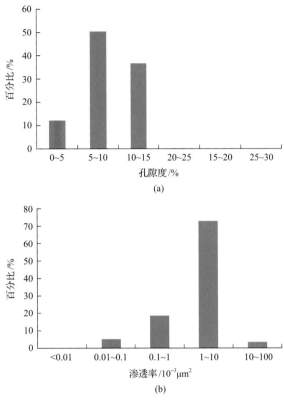

图 3-68　孔店组砂砾岩储层物性分布

(a)砂砾岩孔隙度分布图；(b)砂砾岩渗透率分布图

2) 砂砾岩储层形成机理

砂砾岩储层的形成演化受沉积、构造和成岩作用共同影响，其中沉积作用是基础，构造作用和成岩作用是关键。

(1) 优质母岩类型是砂砾岩优质储层发育的基础。

不同的母岩类型对沉积砂体的形成有着重要的影响和控制作用。一般而言，母岩为花岗岩或变质花岗岩，往往经过风化和剥蚀，极易形成大规模的砂体，砂岩的储层物性也较好；母岩为火成岩，也能形成一定规模的砂体；而泥质岩或碳酸盐岩地区不容易形成大规模的富砂扇体。渤中 19-6 构造北部物源现今残留的母岩类型为太古界变质花岗岩。从砂砾岩岩心和壁心的资料中可以看出砾石成分比较复杂，主要有中基性火成岩、变质花岗岩，少量酸性喷出岩。中基性火成岩砾石主要以安山岩和玄武岩为主。砾石成分在垂向上分布存在差异，早期以中基性火成岩为主，形成的砂砾岩较致密，且凝灰质含量较高，储层物性较差，以致密层和干层为主。中后期主要以变质花岗岩为主，形成砂砾岩颗粒粗，储层物性相对较好。根据剥蚀时代和岩性的垂向序列，说明研究区早期存在部分火山岩物源区，但分布范围有限。随着火山岩物源区剥蚀殆尽，中后期主要以大面积变质花岗岩物源为主。由于孔店时期为新生代成盆早期，气候偏干旱，变质花岗岩物源风化剥蚀后以石英和长石为主，颗粒粗，杂基和泥质含量少，造成了孔店组在深埋 3500m 以下依然发育优质储层，大量粒间原生孔隙被保存，且孔隙之间连通性较好，具有一定的渗流能力，含气层段主要位于中上部储层物性较好位置。

（2）流体动力成岩作用是深部砂砾岩优质储层形成的关键。

有机酸和 CO_2 等深部流体对深层砂砾岩储层的改善作用明显。通过对渤中西南环区域火山背景、天然气组分和碳同位素分析，可知该区 CO_2 来源为与后期火山活动伴生的无机幔源成因气。在 CO_2 注入砂岩后，随着温度的升高，钠长石、方解石、铁方解石会出现明显溶蚀，并随着温度增加，溶蚀强度逐渐增加。通过扫描电镜及铸体薄片分析，发现当 CO_2 进入储层后，形成大量次生溶蚀孔[图 3-69(a)]，长石大量溶解往往伴随长石粒内溶蚀孔和铸模孔的出现及自生高岭石的生成。CO_2 的侵位也会引起碳酸盐胶结物的溶蚀释放大量早期胶结的原生孔隙。与此同时形成大量铁方解石[图 3-69(b)]、铁白云石和菱铁矿[图 3-69(c)]等 CO_2 伴生矿物，扫描电镜下可见晶型完整的铁白云石[图 3-69(d)]，由于重力分异作用分布在砂砾岩中下部，造成上下储层物性存在明显差异。

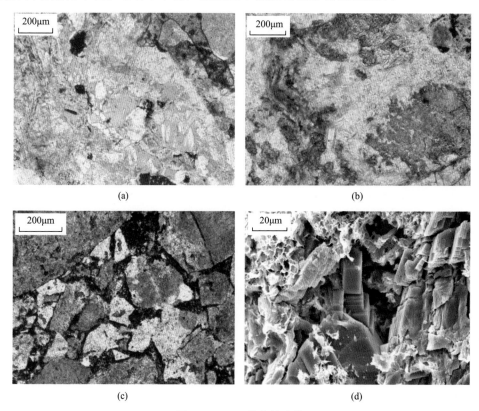

图 3-69 CO_2 伴生的矿物

(a)渤中 19-6-1 井，3679m，胶结物溶蚀孔，单偏光；(b)渤中 19-6-1 井，3860m，铁方解石胶结，单偏光；(c)渤中 19-6-1 井，3958.5m，粒间菱铁矿胶结，单偏光；(d)渤中 19-6-1 井，3804m，铁白云石晶型完好，扫描电镜

（3）构造动力成岩作用是深部砂砾岩储层改善的动力。

沉积储层的形成演化受沉积作用、构造作用和成岩作用共同影响，其中沉积作用是基础，构造作用和成岩作用是关键。构造动力成岩作用是指沉积岩层从松散沉积物到固结形成沉积岩石及之后的过程中所发生的构造和成岩相互作用，主要研究沉积物沉积以后构造变形与沉积物物理、化学变化的相互作用关系，构造动力成岩作用控制了深部砂砾岩储层的形成演化过程及优质储层的分布。喜马拉雅期构造应力作用下，砂砾岩内部形成大量裂缝，这些裂缝贯穿颗粒[图 3-70(a)]，可作为油气良好储集空间[图 3-70(b)]，大大提高储层的渗流能力。

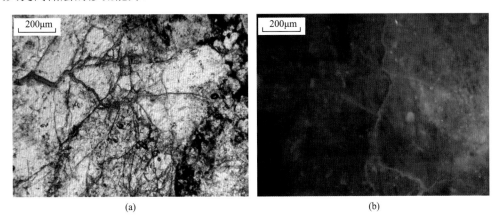

(a)　　　　　　　　　　　　　　　　　　(b)

图 3-70　砂砾岩储层中裂缝特征

(a)渤中 19-6-5 井，3710m，砾石内部裂缝发育，单偏光；(b)渤中 19-6-1 井，3576m，砾石内部裂缝中荧光发育，荧光

3.5　大型天然气田成藏过程及模式

3.5.1　油气源特征分析

1. 原油地球化学特征

1)原油的物性

石油的化学组成决定其物理性质，不同地区、不同层位，甚至同一构造不同部位的原油物性也会有较大差异。

原油的相对密度指在地面标准条件(20℃，0.1MPa)下与 4℃纯水的质量比。在美国通常用 API 表示石油相对密度。原油相对密度一般在 0.75~0.95。通常将 API 介于 10~22.3，即相对密度介于 0.92 到 1 的原油称为重质油，API 大于 31.1、相对密度小于 0.87 的原油称为轻质油，重质油与轻质油中间为中质油。

渤中西南环原油组成变化较大，存在轻质油、中质油、蜡质油和凝析油多种类型。原油相对密度分布范围不大，多在 0.77~0.96，平均为 0.84，浅中层原油主要为中质油，中深层则主要为低密度、低黏度的轻质油，随着埋深的增加，原油相对密度减小。研究区黏度变化范围较大，在 0.89~240mPa·s 均有分布，浅层与深层差异明显，表明原油深浅层组分变化明显。对比容易看出渤中 19-6、渤中 19-4 浅层原油表现出高黏度、高沥青质胶质、含硫量增大、含蜡量降低的生物降解原油特征。深层原油均具有低密度、低黏度、高蜡特征，但与曹妃甸 18 和渤中 13-1 相比，渤中 19-6 深层原油均有明显低含量的沥青质胶质含量。原油含硫量受区域与地层影响明显，渤中 19-6、渤中 19-4 和曹妃甸 18 原油含硫量整体较低，属于低硫原油，反映源岩沉积于淡—微咸水环境；渤中 13-1 沙一段原油含硫量高，为含硫原油，更深层段含硫量较低，表明沙一段对应源岩沉积环境较为特殊，为咸水沉积环境(表 3-6)。

表 3-6　渤中 19-6 潜山构造带原油的物理性质参数

井号	层位	深度/m	相对密度	API 度	50℃黏度/(mPa·s)	含蜡量(质量分数)/%	沥青质(质量分数)/%	胶质(质量分数)/%	含硫量(质量分数)/%
Z19-6-1	N_1g	2632.5	0.95	16.98	240	9.43	6.54	13.93	
渤中 19-6-1	$E_{1-2}k$	3566.8~3634	0.79	45.6	1.41	14.13	0.31	0.79	0.020
渤中 19-6-1	Ar	4043.4~4142	0.79	46.04	1.24	11.8	0.15	0.84	0.020
渤中 19-6-2	Ar	3873.7~3923.5	0.8	44.11	1.65	14.64	0.15	0.28	0.130
渤中 19-6-2Sa	Ar	3879~3998.66	0.81	42.34	2.29	15.82	0.2	1.34	0.020
渤中 19-6-5	$E_{1-2}k$	3500~3566	0.79	46.26		10.11	0.72	0.91	0.020
渤中 19-6-3	$E_{1-2}k$	4079.18	0.79	47.39	2.06	7.32	0.02	0.57	0.010
渤中 19-6-4	Ar	4411~4499.80	0.8	44.71	1.72	17.62	0.16	0.69	0.010
渤中 19-4-1	N_1m_1	1408	0.92	22.14		2.14	2.92	7.15	0.250
渤中 19-4-1	N_1m_1	1567.2	0.96	21.22		1.8	4.55	9.42	0.270
渤中 13-1-1	E_3s_1	2658~2667	0.92		70.68	13.63	6.74	32.49	1.960
渤中 13-1-1	E_3s_2	2785~2793	0.86		7.75	15.9	3.3	17.44	0.280
渤中 13-1-1	E_3d_3	3971.0~3989.0	0.81		2.15	14.1	0.7	8.7	0.024
渤中 13-1-2	E_3s_1	4095~4112	0.803		1.85	11.2	0.57	11.8	0.022
曹妃甸 18-2-1	E_3d_3	3885.5	0.85		3.73	30.32	1.54	17.16	0.07
曹妃甸 18-2-2DS	E_3d_3	3732.18~3761.8	0.78		1.54	4.9	1	7.3	0.128
曹妃甸 18-2-2D	E_3d_3—Ar	4112.54~4149.0	0.83		3.25	15.4	0.84	9.11	0.072
曹妃甸 18-2E-1	$E_3d_2^1$	3359~3386.5	0.88		0.95	9.31	12.75	18.05	0.32
曹妃甸 18-2E-1	Ar	3690.0~3774.53	0.78		0.89	5.46	0.27	4.66	0.04
曹妃甸 18-2E-1	Ar	3792.51~4001.44	0.83		3.49	16.9	1.21	9.52	0.082

石油的族组成是指其化学组成，与原始成因有关(梅博文和刘希江，1980)。根据有机化合物结构和性质，一般把化合物分为饱和烃、芳烃、非烃、沥青质 4 个组分。如表 3-7 所示，渤中西南环原油在总烃组成上以饱和烃为主，芳烃次之。渤中 19-6 及周边渤中 13-1、曹妃甸 18-2/2E 深层原油均显出饱芳比较高，芳香烃、非烃和沥青质较低的成熟原油特征。

表 3-7　渤中 19-6 潜山构造带原油的族组分含量

井号	层位	类型	饱和烃(质量分数)/%	芳烃(质量分数)/%	非烃(质量分数)/%	沥青质(质量分数)/%	饱芳比
渤中 19-6-1	E_3d_1	油水混样	41.78	20.42	23.71	8.92	2.05
渤中 19-6-1	E_3s_{1-2}	油水混样	38.18	17.96	24.46	10.86	2.13
渤中 19-6-1	$E_{1-2}k$	原油	74.31	6.27	3.28	3.29	11.85
渤中 19-6-1	Ar	原油	71.29	6.77	5.48	3.87	10.53
渤中 19-6-4	Ar	油水混样	43.26	25.27	14.78	3.52	1.71
渤中 19-6-5	$E_{1-2}k$	原油	46.16	29.69	15.86	3.77	1.55
渤中 13-1-1	E_3d_3		70.27	3.93		2.21	17.88
曹妃甸 18-2-1	E_3d_3		62.31	5.35		3	11.65
曹妃甸 18-2E-1	Ar		68.24	11.9		5.21	5.73
曹妃甸 18-2E-1	Ar		68.5	12.3		4.75	5.57

2）原油的生物标志化合物

（1）链烷烃。

根据原油色谱图，不难看出渤中 19-6 原油正构烷烃分布较为完整，表现为单峰态，前峰型，最大丰度在 $C_{17} \sim C_{25}$ 碳数范围内，碳优势指数（carbon preference index，CPI）为 0.97～1.14，奇偶优势（odd-even carbon number preference，OEP）为 1.01～1.28，不存在明显的奇偶优势，反应原油均已成熟。异戊二烯烃结构稳定，比正构烷烃抵抗生物降解能力更强。姥鲛烷（Pr）/植烷（Ph）通常用于指示氧化还原环境，低 Pr/Ph 值反映还原环境（Peters et al.，2005）。但 Pr/Ph 值易受成熟度影响，在评估环境前需要评估成熟度的影响。渤中 19-6 均含有姥鲛烷和植烷，浅层样品相对丰度更高，Pr/Ph 值没有随深度加深出现规律性增大，表明 Pr/Ph 值的变化非成熟度因素控制。Pr/Ph 值范围为 0.09～1.74，潜山 Pr/Ph 值小于 1，整体反映有机质来源于弱还原—弱氧化沉积环境。Pr/nC_{17} 值与 Ph/nC_{18} 值也可以反映原油来源与成因，不同成因原油具有不同分布趋势。交会图（图 3-71）中潜山样品与孔店组、沙河街组样品分布相同的趋势，有机质被认为沉积于以还原为主的沉积环境中，主要母质表现为藻类/微生物。东营组原油分布分散，说明其母质与其他层位有明显差别。

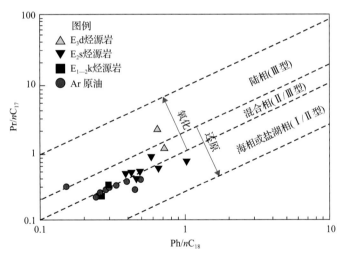

图 3-71　渤中凹陷渤中 19-6 原油链烷烃参数分布

（2）萜烷类化合物。

伽马蜡烷常用于反映烃源岩沉积时水体环境（Damste et al.1995）。伽马蜡烷变化与盐度相关，源岩沉积水体盐度增加会导致高伽马蜡烷指数和低姥植比。伽马蜡烷比藿烷抗降解能力强，常用伽马蜡烷指数（伽马蜡烷/$\alpha\beta C_{30}$ 藿烷）来表征沉积环境盐度。渤中 19-6 原油伽马蜡烷指数介于 0.07～0.2，平均为 0.12。除渤中 19-6-2 井沙三中亚段岩屑获得伽马蜡烷指数较高，其余烃源岩及原油均表现出淡水环境背景（表 3-8）。

表 3-8 渤中 19-6 潜山构造带油、源生物标志化合物参数

井号	深度/m	层位	样品类型	Ga/C$_{30}$H	C$_{19}$TT/C$_{23}$TT	C$_{24}$TeT/C$_{26}$TT	C$_{19}$TT/C$_{23}$TT	Ts/Tm	C$_{27}$R	C$_{28}$R	C$_{29}$R	4-甲基/C$_{29}$甾烷
渤中 19-6-1	2632.5	N$_1$g	油水混样	0.16	0.31	0.69	0.31	0.95	38.22	13.75	48.03	0.25
渤中 19-6-1	3521.1	E$_2$s$_{1-2}$	油水混样	0.11	0.27	0.69	0.27	1.78	53.15	15.72	31.13	0.37
渤中 19-6-1	3566.8~3634	E$_2$s$_3$	原油	0.11	1.15	0.49	1.15	2.78	47.01	23.21	29.77	0.33
渤中 19-6-1	4043.40~4142.00	Ar	原油	0.20	0.96	0.55	0.96	3.09	54.19	10.45	35.36	0.29
渤中 19-6-1	3350.00~3360.00	E$_3$d$_{2-3}$	岩屑	0.05	1.11	3.88	1.11	0.56	29.02	21.79	49.20	0.08
渤中 19-6-1	3430.00~3440.00	E$_2$s$_1$	岩屑	0.04	1.08	3.38	1.08	1.82	36.09	9.68	54.22	0.06
渤中 19-6-1	3540.00~3550.00	E$_2$s$_3$	岩屑	0.06	0.42	0.99	0.42	2.03	41.49	10.30	48.21	0.15
渤中 19-6-2	3526.5	E$_3$d$_2$	壁心	0.08	0.44	2.27	0.44	1.64	29.43	16.01	54.56	0.18
渤中 19-6-2	3873.70~3923.50	Ar	油水混样	0.07	1.71	0.70	1.71	5.12	60.25	7.77	31.98	0.30
渤中 19-6-2	3550.00~3560.00	E$_3$d$_2$	岩屑	0.12	0.38	1.46	0.38	0.83	30.74	12.76	56.50	0.19
渤中 19-6-2	3720.00~3730.00	E$_3$d$_3$	岩屑	0.06	1.26	5.15	1.26	1.52	26.90	14.23	58.87	0.21
渤中 19-6-2	3770.00~3780.00	E$_2$s$_1$	岩屑	0.10	0.67	2.10	0.67	1.77	28.97	13.74	57.28	0.25
渤中 19-6-2	3850.00~3860.00	E$_2$s$_3$	岩屑	0.63	0.21	0.20	0.21	4.87	28.06	16.95	54.99	0.47
渤中 19-6-2Sa	3905	Ar	壁心	0.13	0.34	0.58	0.34	1.39	37.23	14.89	47.88	0.39
渤中 19-6-2Sa	4239	Ar	壁心	0.15	0.08	0.55	0.08	1.19	42.46	13.23	44.32	0.14
渤中 19-6-3	4079.19	E$_{1-2}$k	原油	0.07	1.33	0.55	1.33	2.71	42.33	15.54	42.13	0.32

注：Ga/C$_{30}$H 为伽马蜡烷/C$_{30}$藿烷；C$_{19}$TT/C$_{23}$TT 为 C$_{19}$ 三环萜烷/C$_{23}$ 三环萜烷；C$_{24}$TeT/C$_{26}$TT 为 C$_{24}$ 四环萜烷/C$_{26}$ 三环萜烷；Ts/Tm 为 18α-C$_{27}$ 三降藿烷/17α-C$_{27}$ 三降藿烷；C$_{27}$R 为 $\alpha\alpha\alpha$C$_{27}$R，即 20R-$\alpha\alpha\alpha$-胆甾烷；C$_{28}$R 为 $\alpha\alpha\alpha$C$_{28}$R，即 20R-24-甲基-$\alpha\alpha\alpha$-胆甾烷；C$_{29}$R 为 $\alpha\alpha\alpha$C$_{29}$R，即 20R-24-乙基-$\alpha\alpha\alpha$-胆甾烷；表中三列为三者的归一百分含量。

三环萜烷和四环萜烷具有良好热稳定性，而且具有较强抗生物降解能力（Peters et al.，2005），是常用的生物标志化合物。C$_{19}$ 三环萜烷在生源意义上与陆相植物的孢子体、角质体有较大关系（Peters et al.，2005；曹剑等，2008）。通常，高 C$_{19}$/C$_{23}$ 三环萜烷（C$_{19}$TT/C$_{23}$TT）比值指示着较多的陆源有机质输入。前人的研究表明，渤海海域东营组烃源岩具有较高的陆源有机质输入，表现出高的 C$_{19}$TT/C$_{23}$TT 与 C$_{20}$/C$_{23}$ 值。C$_{24}$ 的四环萜烷通常可以指示细菌成因或陆源有机质输入两种成因，主要用于表征岩性特征差异。但是在渤海海域，高的 C$_{24}$ 与三环萜烷的参数指示意义一致，表明该参数用于指示陆源有机质输入。高 C$_{24}$Te/C$_{26}$TT（Philip and Gilbert，1986；Duan et al.，2008）聚集指示较多的陆源有机质的输入。渤中 19-6 原油样品 C$_{19}$TT/C$_{23}$TT 与 C$_{24}$Te/C$_{26}$TT 值分布范围大，分别为 0.08~1.71、0.49~2.27，整体比值较低（表 3-8）。太古界原油除 2 井标志物受到明显破坏，其余样品多表现为低 C$_{19}$TT/C$_{23}$TT 与 C$_{24}$Te/C$_{26}$TT 值，说明对应来源的陆源有机质输入较少。东三段烃源岩该比值较高，具有陆源有机质输入特征，与太古界原油特征相反。

（3）甾烷类化合物。

Huang 和 Meinshein（1979）提出 C$_{27}$-C$_{28}$-C$_{29}$ 甾醇同系物可以判识不同的生态系统，Moldowan 等（1985）在原油中用 C$_{27}$-C$_{28}$-C$_{29}$ 甾烷同系物来反映对应生油源岩的有机质甾烷分布。统计表明，来源于海相源岩的原油常具有相对较高的 C$_{28}$ 规则甾烷，而来源于陆相和湖相源岩的原油分别以高 C$_{29}$ 和 C$_{27}$ 甾烷为特征（Peters et al.，2005）。C$_{27}$-C$_{28}$-C$_{29}$ 甾烷含量三角图常用于判识原油所代表的有机质类型（图 3-72）。油样表现为低 C$_{28}$ 甾烷含

量和高 C_{27}、C_{29} 甾烷丰度。研究区原油质谱图甾烷指纹呈 "V" 形或 "L" 形，同时存在丰度较高的 C_{27}、C_{29} 规则甾烷，这表明存在细菌和高等植物，藻类混合构成母质的特点(Volkman，1986)。从烃源岩 C_{27}-C_{28}-C_{29} 甾烷含量来看，沙河街组具有与渤中 19-6 潜山原油更接近的特征，东营组源岩则以 C_{29} 甾烷为主，具有相对更高的陆源有机质贡献(表 3-8)。

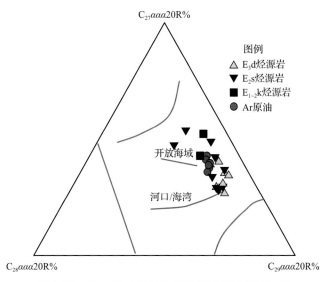

图 3-72　渤中 19-6 原油的规则甾烷相对含量分布

根据前人研究，4-甲基甾烷与沟鞭藻的勃发有关。在不同盐度环境，淡水沉积物样品表现出了最高浓度的 4-甲基甾烷。渤中 19-6 原油广泛含有 4-甲基甾烷，4-甲基甾烷指数(4-甲基甾烷/C_{29} 甾烷)分布范围较广，介于 0.14～0.39，不同井数据具有差异。4-甲基甾烷的差异对应沟鞭藻多样的种类及生活环境，指示母质来源于不同的环境背景，原油来源复杂。对于单井样品而言，沙三段烃源岩具有相对高的 4-甲基甾烷指数，指示较低盐度环境。

3) 油源对比

已经证实渤中凹陷主要分布沙三段、沙一段和东三段三套优质烃源岩。三个烃源岩层段具有不同的生物标志化合物，并沉积于不同的环境。经前人研究总结，认为渐新统东三段(E_3d_3)以高 C_{19}/C_{23} 三环萜烷(0.75)、高 C_{24} 四环萜烷/C_{26} 三环萜烷(2.5)、低伽马蜡烷/$\alpha\beta C_{30}$ 藿烷(0.15)和低 4-甲基甾烷/$\sum C_{29}$ 甾烷比值($<$0.15)为特征，沉积于低氧—缺氧环境，有大量的陆源有机质输入。始新统沙河街组第一段和第三段均具有较低 C_{19} 三环萜烷/C_{23} 三环萜烷和较低的 24TeT/C_{26}TT 值，沉积于有机质输入量较低的缺氧环境，但两者在 4-甲基甾烷和伽马蜡烷上有所差别，这些特征表明了沙三段沉积特征是几乎没有高等植物输入，渤海藻和副渤海藻(沟鞭藻)很多，清水沉积为主、缺氧环境。生物标志物比值是划分原油的重要参数，下面通过对原油和烃源岩生物标志化合物的对比分析进行油源对比划分。

伽马蜡烷/C_{30} 藿烷与 4-甲基甾烷指数图可以区分三套烃源岩，在指示渤中凹陷油源相关性上有较好的应用。渤中 19-6 太古界原油标志物伽马蜡烷/C_{30} 藿烷与 4-甲基甾烷分布情况如图 3-73 所示，样品标志物与沙河街组烃源岩标志物相吻合，太古界原油更多的与沙三段烃源岩相特征相似，总体看原油表现出沙三段和沙一段混源的特征。

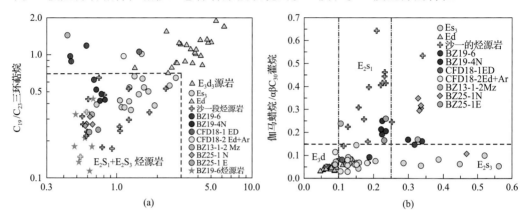

图 3-73　渤中西南环原油的特征油源参数交汇图
(a) C_{24} 四环萜烷/C_{26} 三环萜烷；(b) 4-甲基甾烷/$\sum C_{29}$ 甾烷

东营组和沙河街组源岩的显著区别在于 C_{19} 三环萜烷/C_{23} 三环萜烷、C_{24} 四环萜烷/C_{26} 三环萜烷值，因此认为用这两个参数可以区分来源于东营组和沙河街组的原油。渤中 19-6 太古界原油分布分散，表现出两组样品群。从源岩样品生标组成可知，高 C_{19} 三环萜烷/C_{23} 三环萜和高 C_{24} 四环萜烷/C_{26} 三环萜烷值的一组样品很大程度上来自东营组源岩。而低 C_{19} 三环萜烷/C_{23} 三环萜与低 C_{24} 四环萜烷/C_{26} 三环萜烷值的一组则来自沙河街组烃源岩。太古界原油与渤中 19-6 源岩分布差异明显，轻质原油在质谱图基线明显上扬，生物标志化合物含量受到严重影响，使参数较为分散，需要结合其他方法进一步研究[图 3-73(a)]。伽马蜡烷/C_{30} 藿烷与 4-甲基甾烷指数图用于区分三套烃源岩，在指示渤中凹陷油源相关性上有较好的应用。渤中 19-6 太古界原油具有高 4-甲基甾烷/$\sum C_{29}$ 甾烷值和低伽马蜡烷/C_{30} 藿烷值特征，与沙三段烃源岩标志物特征一致[图 3-73(b)]。值得注意的是，浅层渤中 19-4 原油标志物特征与渤中 19-6 相似，来自沙河街组烃源岩。

2. 天然气地球化学特征

天然气由多种气体混合而成，包括烃烃气及非烃气。渤中 19-6 大型凝析气田作为渤海湾盆地目前发现的最大的天然气田，其丰富的天然气资源蕴含了大量地质信息。天然气的成因机理和成因类型判别、气源综合对比及富集规律是天然气地球化学研究的主要方向。

1) 天然气的化学组成

天然气气体组成是判断其成因的重要参数(王启军和陈建渝，1988)。渤海海域现今发现的天然气以烃类气体为主。渤中 19-6 潜山凝析气藏天然气组分(体积分数)分布情况见表 3-9，甲烷含量占优势，平均为 76.72%；重烃气(C_{2+})含量分布在 11.19%~13.94%，丁烷的正、异构比值(iC_4/nC_4)最低为 0.48，最高为 0.8，干燥系数($C_1/\sum C_{1\sim5}$)为 0.84~0.86，整体显示出高熟的湿气特征。N_2 含量较低，平均为 0.16%。CO_2 含量平均为 9.93%，孔

店组的 CO_2 相对含量较太古界低。

表 3-9　渤中 19-6 潜山构造带天然气的化学组成

井号	地层	深度/m	气组分/%							
			CH_4	C_2H_6	C_3H_8	iC_4H_{10}	nC_4H_{10}	C_{5+}	N_2	CO_2
渤中 19-6-1	Ar	4043.4～4142	73.14	8.10	2.87	0.47	0.59	0.58	0.38	13.58
渤中 19-6-1	$E_{1-2}k$	3566.8～3634	77.40	8.76	3.07	0.49	0.96	0.67	0.23	8.13
渤中 19-6-2	Ar	3873.7～3923.5	78.26	8.18	2.58	0.38	0.70	0.45	0.12	9.35
渤中 19-6-2Sa	Ar	3879～3998.66	77.78	8.22	2.78	0.45	0.83	0.65	0.12	9.19
渤中 19-6-4	Ar	4411～4499.8	76.35	8.57	2.87	0.47	0.80	0.64	0.10	10.20
渤中 19-6-5	$E_{1-2}k$	3500～3566	77.40	8.21	2.95	0.45	0.93	0.92	0.00	9.15

2) 天然气的同位素特征

天然气组成简单，其同位素特征是研究的一项重要内容。由于碳同位素的分馏，不同成因的天然气，碳同位素存在显著差异。

实验资料证明，烷烃气系列分子碳同位素值随碳数变化呈现规律性变化。一般有机成因，同源同期的甲烷及其同系物显示正碳同位素特征（$\delta^{13}C_1 < \delta^{13}C_2 < \delta^{13}C_3 < \delta^{13}C_4$）。渤中 19-6-1 井太古界凝析气碳同位素 $\delta^{13}C_1 = -38.9‰$，$\delta^{13}C_2 = -27‰$，$\delta^{13}C_3 = -25.6‰$，$\delta^{13}C_4 = -26.2‰$，出现 $\delta^{13}C_1 < \delta^{13}C_2 < \delta^{13}C_3 > \delta^{13}C_4$，局部倒转现象。相比渤海中西部地区构造的碳同位素特征（文志刚等，2004），渤中 19-6-1 井天然气碳同位素偏重。CO_2 含量和其同位素可以鉴别 CO_2 成因及来源。戴金星等（2001）提出 $\delta^{13}C_{CO_2}$ 重于 $-8‰$ 为无机成因气，研究区潜山凝析气 $\delta^{13}C_{CO_2}$ 为 $-3.6‰$，同位素明显偏重，CO_2 属于无机成因。

3) 天然气轻烃

轻烃主要为 $C_5 \sim C_{10}$ 的化合物。轻烃在油气储层中含量丰富，在石油天然气研究中具有广泛应用。$C_5 \sim C_7$ 具有一定数量同分异构体。

前人研究已经发现，C_7 化合物甲基环己烷（MCYC$_6$）、二甲基环戊烷（∑DMCYC$_5$）和正庚烷（nC_7）的相对含量与母质类型密切相关。其中甲基环己烷主要由腐殖型母质-高等植物的木质素纤维素与糖类等转化而来，具有稳定的热力学性质，可以做陆源母质的良好参数；二甲基环戊烷主要来自水生生物甾族和萜类化合物中的环状类脂体，大量出现是油型气轻烃的特点；正庚烷母源较复杂，可以来自细菌和藻类，也可以来自高等植物链状类脂体，指示腐泥母质，易受成熟度影响。胡惕麟等（1990）提出甲基环己烷指数（正庚烷-甲基环己烷-二甲基环戊烷、乙基环戊烷）成功对天然气对应母质进行了划分。

通过对研究区样品的研究表明，nC_7-MCYC$_6$-∑DMCC$_5$，甲基环己烷指数三角图，$C_5 \sim C_7$ 脂肪族组成（正构烷烃-异构烷烃-环烷烃）三角图，都表现出较好的应用（图 3-74）。渤中 19-6 潜山凝析气具有明显较高的正构烷烃含量，没有出现腐殖型气典型特征，在三角图中均识别为油型气特征，相比周边井，表现出更高的成熟度。

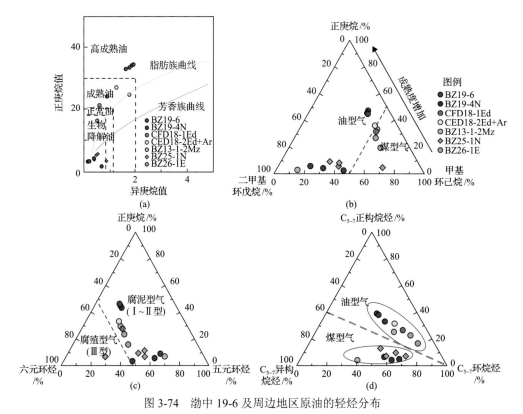

图 3-74 渤中 19-6 及周边地区原油的轻烃分布

(a)渤中西南环庚烷值与异庚烷值相关图；(b)C$_7$组成三角图；(c)甲基环己烷指数分布三角图；(d)C$_5$-C$_7$脂肪族组成三角图

4）天然气成因类型与来源

烷烃气同位素分馏受到原岩母质和成熟度的控制，碳同位素值常与烷烃气组分共同区分不同成因类型的天然气。CH$_4$ 在混合物中的比值用"Bernard 参数"即 C$_1$/(C$_2$+C$_3$)（Bernard et al，1978）表示，Michael（1999）结合分子同位素组成，解释并划分了不同成因的天然气。用 Bernard 成因分类图版对渤中 19-6 天然气进行了成因分类（图 3-75），烷烃气为有机热成因气。

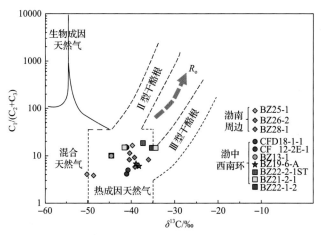

图 3-75 渤中 19-6 及周边地区天然气的同位素组成

有机热成因气可以分为油型气与煤型气。甲烷碳同位素易受成熟度影响，而乙烷同位素具有更好的母质继承性，是划分天然气类型的有效参数（戴金星等，2005）。国内常用乙烷同位素 $\delta^{13}C_2$ 为–28.0‰和–29.0‰划分煤型气与油型气（戴金星，1992；刚文哲等，1997）。渤中 19-6-1 井天然气用乙烷同位素 $\delta^{13}C_2$ 分类为煤型气，结果与轻烃所得出现矛盾。单一来源有机烷烃气碳同位素与碳数倒数关系呈线性关系，在发生微生物氧化作用、不同成因气混合作用或原油二次降解作用时，渤中地区天然气偏离线性趋势[图 3-76 (a)]，重同位素发生了倒转，表明具有混源特征。在包括混合气情况时，可以使用 $\delta^{13}C_1$-$\delta^{13}C_2$-$\delta^{13}C_3$ 鉴别图（戴金星，1993）来进行判别[图 3-76 (b)]，图 3-76 显示渤中 19-6-1 井潜山天然气落入煤型气、油型气和混合气区，再一次证明存在混合现象。值得注意的是，煤型气在这里不仅指煤层生成气，也指高等植物母质 II_2 型和 III 型干酪根生成的腐殖型气。渤海海域偏腐殖型天然气成因上认为是 II_2 型所生成，因此综合判断凝析气主要是油型母质热成因生成气，混合有偏腐殖型气。

天然气根据热演化程度及母质，将成因类型分为干酪根初次裂解气与原油二次裂解气。Lorant（1998）等建立的基于乙烷、丙烷含量和同位素的干酪根裂解气与原油裂解气鉴别图版，对研究区附近井进行了裂解气成因判别（图 3-77）。潜山天然气与周边构造天然气均表现为干酪根裂解气，热演化程度不高。

Behar（1992）在开放体系下实验模拟得到乙烷、丙烷同位素差值随成熟度增大而减小，在早期干酪根裂解天然气过程中 C_1 变化快，C_2、C_3 含量相对稳定，即初次裂解气的 $\ln(C_2/C_3)$ 变化相对慢，而二次裂解气的 $\ln(C_2/C_3)$ 相对较快。Prinzhofer 和 Huc（1995）基于这个规律建立了 $\ln(C_1/C_2)$ - $\ln(C_2/C_3)$ 图版，并结合实例区分了初次裂解气（安哥拉天然气）与原油裂解气（堪萨斯裂解气）。Lorant（1998）在实验的基础上建立了利用乙烷、丙烷同位素判识裂解气成因的图版。基于这些图板，结合先前对渤海海域热成因气的研究，潜山 19-6 天然气整体表现出干酪根初次裂解的特征（图 3-78）。

5）天然气成熟度

Thompson（1983）通过对轻烃的研究，提出了正庚烷值和异庚烷值两个参数，并且进行了成熟度参数的划分：正庚烷值为 22%～30%，异庚烷值为 1.2～2.0 时为成熟油；正庚烷值为 30%～60%，异庚烷值为 2.0～4.0 时为高成熟油；正庚烷值<18%，异庚烷值<0.8 时为生物降解油。渤中 19-6 潜山天然气伴生轻烃的正庚烷值为 32.9%～34.4%，异庚烷值为 1.6～1.9，天然气成熟度对应高成熟轻质油演化阶段。

温度作为成熟度换算的绝对指标，在评估成熟度时具有极大优势。Mango（1987）、Bement（1995）提出了计算生油层最大埋深温度（T）与 2,4-二甲基戊烷/2,3-二甲基戊烷的函数关系（$T=140+15(\ln[2,4\text{-DMP}/2,3\text{-DMP}])$）。在使用 2,3-二甲基戊烷和 2,4-二甲基戊烷时，需要先评估生物降解影响，因 2,4-二甲基戊烷抗降解能力相对较强，在生物降解影响下 T 值会变高。渤中 19-6 及周边井凝析气 T 计算温度与正庚烷值关系如图 3-79 所示，渤中 19-6 具有明显更高的成熟度，T 计算平均为 127℃。

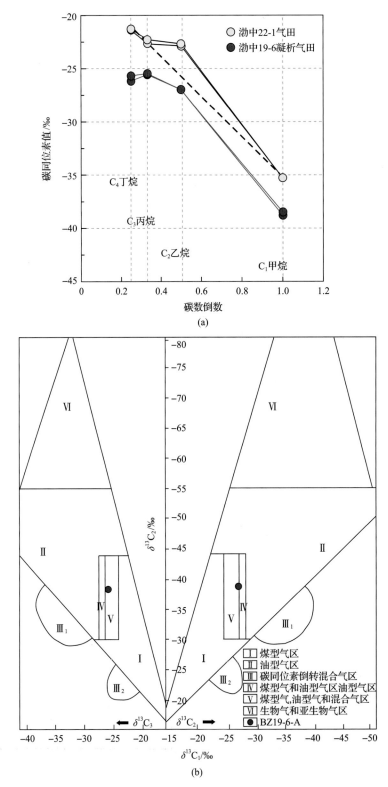

图 3-76　烷烃气的碳同位素组成及其倒数关系图(a)与烷烃气的碳同位素组成(b)

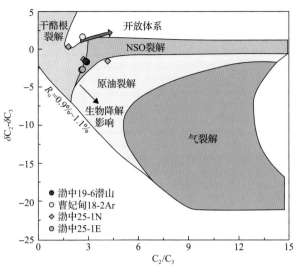

图 3-77 烷烃气的乙烷-丙烷的碳同位素组成

NSO 为氮、硫、氧的杂原子化合物

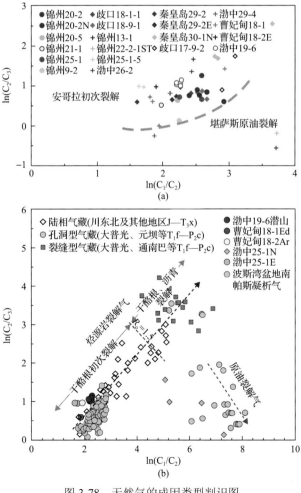

图 3-78 天然气的成因类型判识图

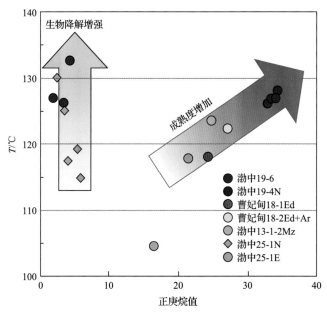

图 3-79　正庚烷值与温度交汇图

前人对天然气碳同位素在成熟度上的应用进行过许多研究，天然气碳同位素会随着热演化程度增加而加重，甲烷碳同位素对热演化作用更加敏感。戴金星等（1985）、沈平等（1991）均推导出了适合我国天然气 $\delta^{13}C_1$-R_o 的经验公式，即油型气回归方程：

$$\delta^{13}C_1=15.8\lg R_o-42.2 \quad （戴金星等，1985）$$
$$\delta^{13}C_1=21.7\lg R_o-43.3 \quad （沈平等，1991）$$

已经分析过研究区凝析气主要为油型气贡献，渤中 19-6-1 井天然气计算采用两种经验公式获得成熟度 R_o 分别为 1.74‰和 1.61‰。由于研究凝析气存在混源现象，用油型气计算公式计算结果偏大，结果需要进行合理校正。

3.5.2　成藏期次分析

油气成藏是在一定的时间和空间格架中的流体行为。特定时期的有效烃源岩、各种输导要素、区域性盖层的分布及其空间组合关系决定了这一时期油气的主要充注方向和归属。因此，对于一个生油凹陷或区带来说，明确了其主要的油气成藏时期，就可以根据这个(或几个)关键时期的有效烃源岩、断裂和砂体等输导要素、区域性盖层的展布及其组合关系来追溯油气运移的归属，进而达到有效预测油气藏的目的。

目前，油气成藏期次的研究方法主要有三类：①烃源岩生排烃史方法，根据盆地或凹陷的生排烃史推断油气的充注历史，其基本原理是油气主要的成藏时期不可能早于盆地或凹陷内烃源岩的大规模生烃期；②相对充注史分析，根据储层流体的组成及其层间非均质性、流体包裹体分析，识别油气动态充注过程和储层流体事件，建立不同流体事件的相对时序(Hao et al.，2002)；③流体定时定年，根据储层流体性质、成岩矿物和流体包裹体分析，识别主要储层流体事件并利用直接或间接定年技术，确定各流体事件的绝对时间(赵靖舟和李秀荣，2002；岳伏生等，2003)。

在渤海潜山凝析气藏的油气成藏期次研究中，对以上三类方法中的多种方法进行了综合运用，综合考虑了包裹体产状和荧光颜色、烃源岩的生排烃史、包裹体均一温度、储层温压状态等多方面的证据，更加客观准确地刻画油气充注历史。

1) 流体包裹体特征(荧光、均一化温度等)

多相流体包裹体在室内加热过程中达到单一相态的温度为流体包裹体均一温度，通过压力校正，包裹体均一温度反映了流体包裹体捕获时的温度。近年来，很多学者根据包裹体均一温度、地层埋藏史及热史确定流体包裹体形成时间，并进而根据有机包裹体均一温度确定油气聚集的时间。

包裹体均一温度反映的是流体温度，因此利用包裹体均一温度+埋藏史+热史确定流体历史是以流体温度不受对流/随流的影响为前提的，即流体温度只受传导背景热场的控制。然而，流体(包括油气)是热能的重要载体，油气聚集区是盆地的低势区，流体活动强烈。近年来的研究表明，很多油田表现出明显的热异常，即地温和热流高于区域背景值。在此情况下，包裹体均一温度反映的是传导对流(或随流)叠加温度场，而不仅仅受传导背景的控制。随着对流/随流热效应的增强，地层温度及包裹体均一温度明显偏离背景值，使利用包裹体均一温度+埋藏史+热史确定的包裹体形成时间明显晚于其实际年龄。渤中凹陷属于常温偏低温背景，可利用油气包裹体同期盐水包裹体的均一温度来确定油气充注期次和时间。

本书研究选取了古近系孔店组、潜山花岗岩岩心样品 20 余块(且部分样品见油迹)进行流体包裹体分析，并结合前文述及的构造发育史和烃源岩生烃史来综合确定主生油期、生气期时间，进而对本区的油气充注史进行综合分析。

从包裹体的组分来看，本区包裹体分为有机包裹体和无机包裹体(盐水溶液包裹体)两种，两者常常共生。有机包裹体的产出形式有两种，一种呈"原生包裹体"产出，常出现在作为砂岩填隙物的 SiO_2 胶结物、石英次生加大边中，是在硅质矿物生长过程中被捕获进来的，表明油气运移过程中有硅质矿物沉淀。另一种产于石英、长石等矿物解理及微裂缝中，往往切穿成岩矿物颗粒边界，为后期灌入形成。根据烃类包裹体中气液相比例，该区烃类包裹体可分为液态烃包裹体、气液两相烃包裹体和气态烃包裹体三种。液态烃包裹体有机相主要是由液态烃组成，或由少量沥青+液态烃组成，不含独立相的气态烃或气态烃含量小于等于 5%。这类包裹体在研究区占有一定数量，在单偏光镜下主要呈棕褐色、黄褐色、灰黄色及浅黄色。该地区透射光镜下带有褐色的有机包裹体通常是早期生油时捕获形成的一些重质油类，在蓝光激发下主要呈黄褐色、黄绿色荧光[图 3-80(a)]。透射光镜下带黄色的液态烃类有机包裹体在本区一般是重质油类裂解形成的轻质油及后期捕获的相对高成熟的凝析油类，在蓝光激发下主要呈浅黄色、浅蓝色及亮蓝色荧光[图 3-80(b)~图 3-80(d)]。气态烃类包裹体在本区占有绝对数量，主要产于石英、长石等矿物的微裂缝中，颗粒直径较大者约 10μm(图 3-81)。气态烃类包裹体有机相由气态烃、液态烃组成，个别还含少量沥青，在蓝光激发下一般无荧光显示，极少数呈弱荧光。

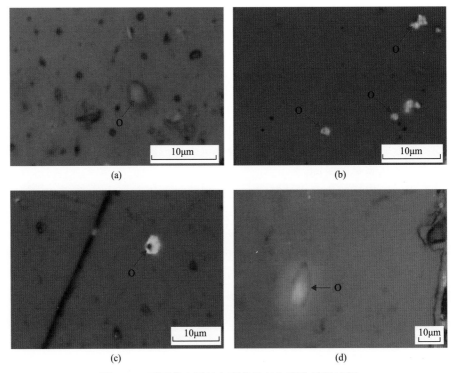

图 3-80 不同荧光原油包裹体及气包裹体显微特征

(a)渤中 19-6-8 井，4498.5m，原油包裹体黄褐色荧光；(b)曹妃甸 2-1-2 井，3428.5m，原油包裹体黄绿色荧光；(c)渤中 19-6-10 井，4435.16m，原油包裹体淡蓝色荧光；(d)渤中 19-6-7 井，4600.2m，原油包裹体亮蓝色荧光

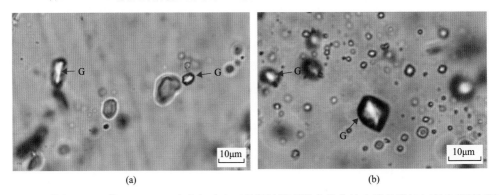

图 3-81 渤中 19-6-3 井，3818m，孔店组砂岩石英颗粒微裂隙中捕获的大量烃类气包裹体(透射光)

原油在紫外光激发下发射出不同强度和颜色的荧光，这与原油中芳烃的成熟度有一定关系。通常情况下，随着成熟度的增加，饱和烃与芳烃的比值在不断地增加，其荧光颜色发生红色→橙色→黄色→绿色→蓝色→亮蓝色，即发生蓝移(陈红汉，2014)。研究区捕获的不同成熟度的原油呈现黄色、黄绿色、亮蓝色等不同的荧光，说明该地区可能存在不同期次原油的持续充注，大量气烃包裹体的充注入揭示早油-晚气持续充注的过程。事实上，原油在运移和聚集过程中生物降解作用、水洗和相分离也会改变原油的成分，但正常的油气运移过程中原油的荧光特性主要还是受控于饱和烃与芳烃的比值。

2) 生烃模拟(一维、二维)

生烃史主要模拟地下源岩中的有机质成熟度史和生烃过程。对于烃源岩层系,地史研究是基础,热史和生烃史是研究的主要内容。本节应用 IES 盆地模拟软件,采用 Easy $R_o\%$模型(Sweeney and Burnham, 1990),模拟渤中凹陷西南次洼主要生烃凹陷的单井一维、二维剖面的生烃演化史。IES 盆地模拟软件集成化程度高,通过选择全面、合适的盆地模拟参数,基于烃源岩埋藏史与热史,在此基础上模拟镜质体反射率(反映有机质成熟度)随时间的变化;然后通过 $R_o\%$值确定有机质成熟的时间与深度或温度,并划分烃源岩生烃门限和演化阶段。

从单井生烃史模拟结果可知,沙河街组烃源岩在 25Ma 进入主生油气期,生油高峰对应地质时间为 15Ma,初次裂解气的生气高峰也在 13.0Ma,现今处于高—过成熟度阶段(图 3-82)。东营组约在 22Ma 进入主生油阶段(0.7%~1.0%),在 12.0Ma 左右到达生油高峰。在洼陷中心,东营组烃源岩已经进入高成熟度阶段,对应的镜质体反射率甚至高于 1.3%,约 7.5Ma 进入生气高峰。总之,渤中地区西南部次洼烃源岩厚度大,熟化速率高,为深层潜山近源强充注提供了有利的地质背景。

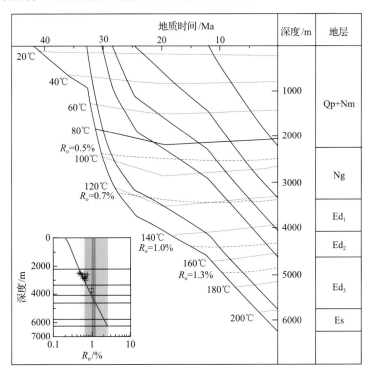

图 3-82　渤中凹陷西南次洼虚拟井一维生烃史、热史与埋藏史图

渤中凹陷区域面积大,包含多个次级洼陷,各个洼陷烃源岩演化进程有较大差异。中央深洼处烃源岩已达高过成熟阶段时,周围靠近凸起的次级洼陷由于沉积沉降较慢,烃源岩的成熟程度也较低。本次研究选取过渤中 19-6 潜山东、西两个次洼二维剖面进行生烃史模拟,研究了烃源岩在二维剖面上的生烃史变化,编制了 30.3Ma、27.5Ma、24.6Ma、

12Ma、5.1Ma 和现今 6 个关键时刻的镜质体反射率模拟剖面。

　　东一段沉积末期(30.3Ma)，渤中 19-6 潜山东次洼沙河街组开始成熟生烃，而西次洼仍处于未成熟阶段($R_o<0.5\%$)。东营组沉积末期(24.6Ma)，东次洼沙河街组烃源岩深洼区整体进入成熟阶段，西次洼处于低熟阶段 ($0.5\%<R_o<0.7\%$)。馆陶组沉积末期(12.0Ma)，东次洼沙河街组开始处于大量生油阶段，R_o 在 $0.7\%\sim1.3\%$，此时西次洼沙河街组烃源岩也开始进入生油期。明下段沉积末期(5.1Ma)，东次洼沙河街组烃源岩整体处于凝析气藏阶段，深洼中心少部分已戏进入干气阶段，西次洼此时也已进入生油高峰期。现今，东次洼沙街河组仍有部分处于凝析气藏阶段，而西次洼也有部分烃源岩进入凝析气藏生成阶段(图 3-83)。

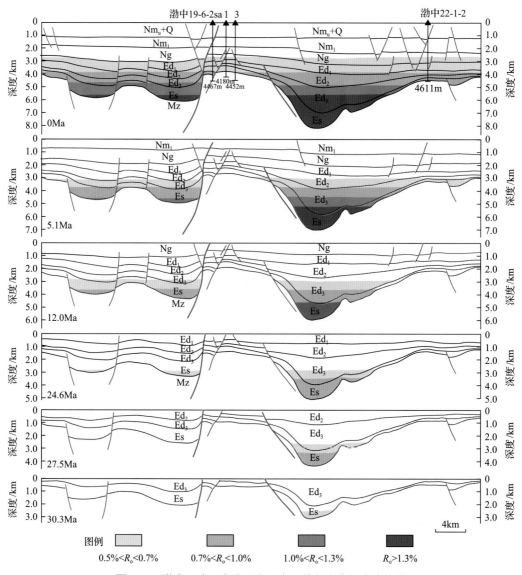

图 3-83　渤中凹陷西南次洼东西向二维剖面生烃史演化图

3）油气充注期次与充注强度

曹妃甸 18-2 东营组地层直接披覆于潜山地层之上，从热埋藏史图可知（图 3-84），上覆东营组烃源岩从 18Ma 开始成熟生烃，现今处于生油窗。结合东营组储层流体包裹体的均一化温度分布范围可知，曹妃甸 18-2 圈闭在 7Ma 就开始有油气充注。相当一部分包裹体的均一化温度要明显高于储层的背景温度（图 3-84），这表明晚期新构造运动以来也存在较显著的油气充注。单井埋藏史与包裹体的均一化温度表明曹妃甸 18-2 的主成藏期在 5.1Ma 以来。需要指出的是，曹妃甸 18-2 为带气顶的凝析气藏，而生烃史揭示该区的成熟度并不高，而且烃源岩的类型为偏油型母质。凝析气藏可能与早油晚气的充注有关，即早期曹妃甸 18-2 充注了原油，晚期新构造运动使一部分油气输导至沙垒田凸起之上，同时深部的高成熟流体（包括 CO_2）的充注，使储层的气油比增加，有利于形成凝析气藏。

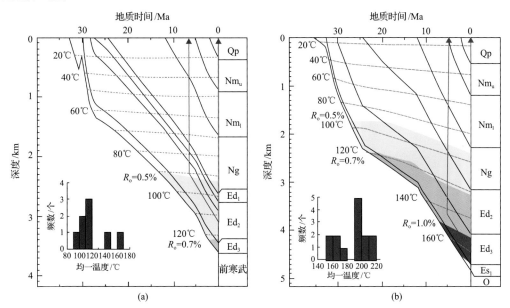

图 3-84　曹妃甸 18-2、渤中 21-2 地区油气充注史与埋藏史、热史对照图

(a) 曹妃甸 18-2E-1；(b) 渤中 21-2-1

渤中 21-2 单井的热埋藏史揭示沙河街组烃源岩已经达到高成熟阶段，次洼的烃源岩可能已达到过成熟阶段。与曹妃甸 18-2 相似，渤中 21-2 包裹体伴生的盐水包裹体均一化要明显高于背景温度（图 3-84），可能指示较晚期的油气充注。结合埋藏史温度与上覆东营组储层的包裹体均一化温度可知，该构造带可能经历了两期的油气充注，第一期的原油充注在 12～5.1Ma，第二期为 5.1～0Ma，而且后一阶段的充注影响较大，对应于（晚期）新构造运动期，这与渤中地区的主体充注成藏期的背景也是较吻合的。

渤中 19-6 为一近 SN 向的潜山构造，东、西两侧的次洼发育多套烃源岩，本次研究对渤中 19-6 东部次洼虚拟井一维生烃史进行了模拟（图 3-85）。模拟结果揭示主生油期为 15.5～9.5Ma，主生气期为 5.1～0Ma。在生烃史研究基础上，测试了与烃类包裹体共生的盐水包裹体的均一温度，该均一温度可代表油气充注时的古地温。测试结果显示渤中 19-6 潜山古近系孔店组砂砾岩储层原油包裹体同期盐水包裹体均一温度呈双峰趋势，这与石臼坨凸起及渤东低凸起等渤中其他地区的双峰特征相似，说明存在多期源油充注过程。储层气包裹体同期盐水包裹体均一温度高于原油同期包裹体，180～190℃峰值说明现今仍存在天然气充注。结合埋藏史过程，渤中 19-6 潜山主原油充注期约 11～5Ma，天然气充注期为 5～0Ma，原油充注与天然气充注在时间上具有重叠特征（图 3-85）。

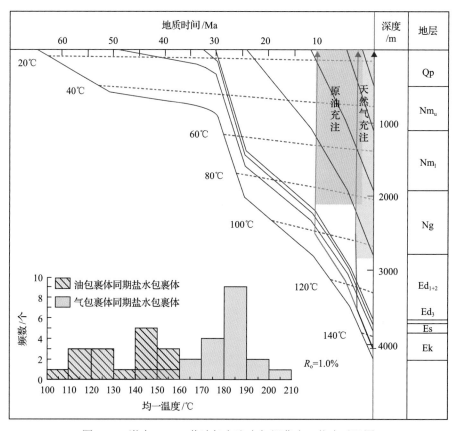

图 3-85　渤中 19-6-3 井油气充注史与埋藏史、热史对照图

气包裹体同期盐水包裹体均一温度明显高于背景温度，这与渤中地区构造演化过程密切相关。馆陶组沉积以来，渤中凹陷表现为快速沉降，烃源岩快速成熟生、排烃，热流体快速充注导致包裹体温度明显高于储层温度。

油气包裹体是含油气储层成岩过程中形成的，原油包裹体丰度可以判别古油气的充满度。通常只要储层发生了油气充注，就会留下油气包裹体的痕迹。含油包裹体颗粒(grain with oil inclusion，GOI)指标正是这种痕迹的一种表征，应用该指标可以很好地确定现今或地质历史过程中油气藏形成与否及油气运聚的最大范围(姜福杰等，2006)。Eadington (1996)通过统计方法，得出目前判别油气运聚范围的 GOI 指标值(含烃包裹体矿物颗粒数占矿物颗粒总数的百分比，计算公式为 GOI(%)=含油气包裹体的矿物颗粒数目×100/

总矿物颗粒数目），认为一般的 GOI 指标值大于 5 的储层范围为油藏，大于 1 而小于 5 的储集层分布范围代表油气运移通道，即油气运移的最小范围，而小于 1 就没有任何的代表意义。油气运聚的层位与非油气运聚的层位，GOI 数据显示水层与油层 GOI 存在明显的数量级差别。

本次研究在显微镜下对渤中 19-6 的 3 井古近系孔店组、7 井太古界的潜山储层岩石薄片进行扫描，任选大于 30 个覆盖区域为 625μm^2 的视域，分别统计出这些视域内所有包含的含油气包裹体的矿物颗粒数目和总矿物颗粒数目，观察的每个视域只观察十字丝正下方所对应的颗粒，看其是否含有油气包裹体并进行记录，最终统计出 GOI。通过对渤中 19-6-3 井、7 井的三个不同深度域的 GOI 数据统计（表 3-10），结果显示研究区油气包裹体矿物颗粒指数较高，分布范围在 84%～95%，高于 Eadington（1996）所统计的 GOI 数值范围（图 3-86），说明研究区储层油气的充满度较高。单个矿物颗粒显微镜下的油气包裹体丰度也较高，在对渤中 19-6-3 井 3851.77m 的薄片扫面中观测到，流体包裹体中存在大量的含油包裹体及含气包裹体。含油包裹体呈现浅黄色、黄绿色及蓝色等荧光（图 3-87），说明存在不同成熟度的原油包裹体。较高的油气包裹体矿物颗粒指数及油气包裹体的丰度分析也显示出渤中 19-6 潜山地区的具有较强的油气充注特征。

表 3-10　渤中 19-6 储层含油气包裹体颗粒指数及试油结果

层位	深度/m	油气包裹体颗粒指数/%	试油
	3818	88.41	
$E_{1-2}k$	3854.37	84.54	气层
	4052.4	93.4	
	4533	94.86	
Ar	4537	92.7	气层
	4683.48	88.51	

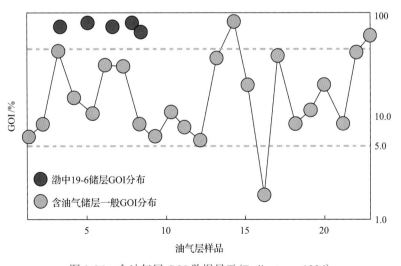

图 3-86　含油气层 GOI 数据显示（Eadington，1996）

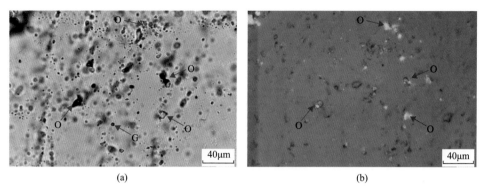

图 3-87　渤中 19-6-3 井油气包裹体显微特征

(a)渤中 19-6-3 井，3851.77m，孔店组砂岩石英颗粒裂隙内不同成熟度原油包裹体及
气包裹体(透射光)；(b)同视域原油包裹体荧光特征

3.5.3　油气成藏过程分析

结合渤中 19-6 油气成因类型与流体包裹体特征可知，渤中 19-6 凝析气田为先油后气的气侵式成藏模式。镜下观察到黄绿色和蓝白色荧光两种油包裹体，反映了成熟度较低和较高的油的连续成藏，油包裹体共生的盐水包裹体均一温度介于 90～160℃，根据埋藏史恢复的成藏期介于 12～5.1Ma。镜下同时观察到较多的气包裹体，共生的盐水包裹体均一温度介于 140～180℃，根据埋藏史恢复的成藏期为 5.1Ma 以来。潜山顶部和砂砾岩见到较多的油质沥青(图 3-88)，沥青等效镜质体反射率介于 1.3%～1.6%，反映了局部可能发生强烈气侵。

图 3-88　渤中 19-6-7 井储层沥青特征

(a)4686.1m，缝面沥青；(b)4685.2m，裂缝充填沥青

在中新世中期—上新世早期(12～5.1Ma)，沙河街组烃源岩广泛处于大量生油阶段，

烃源岩内部形成异常超压，渤中凹陷地区压力系数普遍超过 1.6（图 3-89），可作为油气运移的动力，排出的大量原油充注太古界潜山和孔店组砂砾岩储层形成油田。伴随着新构造运动（5.1Ma），部分深层原油随断层运移至浅层新近系成藏，形成渤中 19-4 大中型油田。然而早期充注的原油同时深埋，原油发生了一定程度的裂解（即正常油裂解轻质化）。从东营组超压演化可知，新构造运动以来，东营组超压显著增加，为深部潜山的油气提供了良好的动力封闭条件。自上新世以来（5.1Ma 至今），生烃次洼的烃源岩处于高—过成熟阶段，天然气大量生成并充注，同时断裂活动还带来较多的 CO_2，对先期深层油藏形成气侵，轻质油也易溶于天然气中转变为凝析气藏。根据温压条件数值模拟结果显示，从 12Ma 至今，渤中 19-6 凝析气田流体相态由纯液相逐渐变为纯液相与纯凝析气相临界状态，最终演变为纯凝析气相，证实了渤中 19-6 凝析气田先油后气的成藏过程（图 3-90，图 3-91）。综合以上，渤中 19-6 大凝析气田经历了先油后气、浅成深埋，局部调整改造的天然气成藏模式，近源强充注、超压动态保存为是构造活化区深层油气田富集保存的主控因素。

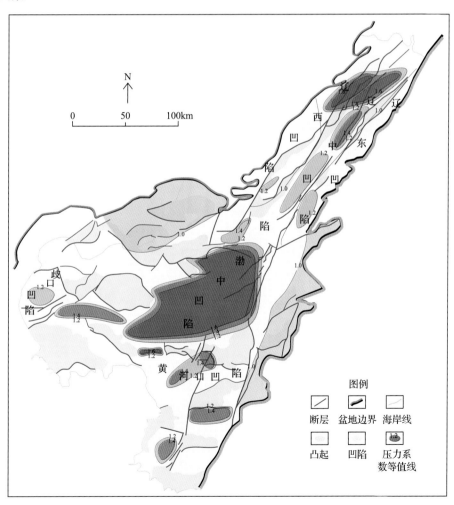

图 3-89　渤海海域沙三段压力系数平面分布图

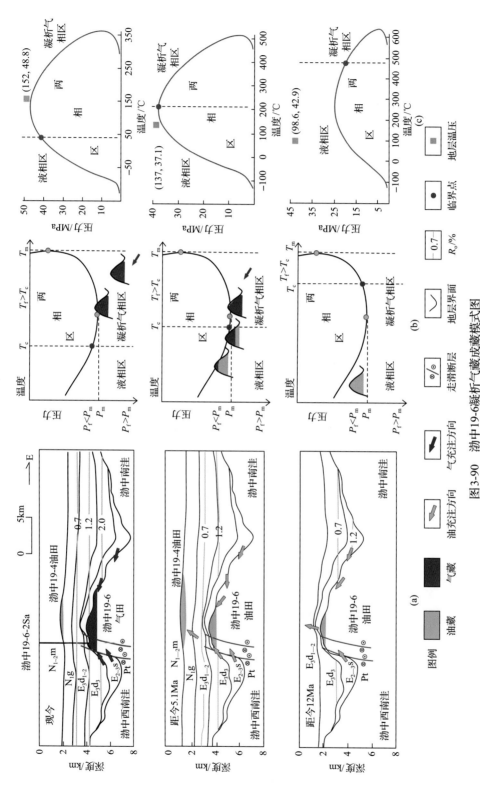

图3-90　渤中19-6凝析气藏成藏模式图

(a)油气成藏过程图；(b)油气藏类型与温度、压力及临界温度、压力与油气藏相态判别图；(c)地层温度、压力与凝析点的关系图；

P_f为地层压力；P_m为凝析压力；T_f为地层温度；T_m临界凝析温度；T_c为临界点温度

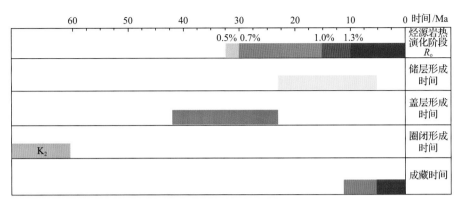

图 3-91　渤中 19-6 油田成藏要素匹配关系

第 4 章　　深埋潜山天然气藏勘探地震关键技术

在渤海湾盆地，中生界、古生界、太古界及元古界潜山均有发育，且呈现多期潜山相互叠置的特征，潜山埋深变化大，既有埋深 2000m 左右的高位潜山，也有平均埋深超过 4000m 的低位潜山。针对潜山地震勘探，中海石油(中国)有限公司天津分公司从 20世纪 80 年代即开始一系列攻关研究，但地震采集以拖缆采集为主，平均覆盖次数约 46次，主频 13Hz，频宽 6～23Hz，且缆长较短，最大偏移距平均在 4000m 左右，地震资料方位角窄，横纵比不足 0.1。潜山地层自身复杂的地质特征及低品质地震资料的影响，给潜山勘探尤其是深埋潜山地震勘探带来三大方面的挑战。

(1)深层、超深层地层埋藏深，受地震采集技术和采集装备影响地震资料反射能量弱，分辨率及信噪比低，波组特征不清楚。

(2)深层地层构造起伏大，速度横向变化快，火山岩、盐丘等特殊地质体发育，加之自身断裂系统复杂，速度模型精度低，地震成像质量差。

(3)潜山储层类型多样，成因机制复杂，裂缝储层非均质性强、横向变化快，潜山内幕地震资料保真度低，裂缝储层精细表征难度大。

针对潜山地震勘探的上述难题，中海石油(中国)有限公司天津分公司在地震采集装备、针对性地球物理技术研究等方面都有了进一步发展，研发了宽方位、高覆盖地震采集技术体系，潜山各向异性介质地震保真成像关键技术系列及叠前、叠后联合的各向异性储层预测技术，为潜山油气藏的勘探和开发奠定了技术和资料基础。

4.1　海上宽方位高覆盖地震采集技术

随着潜山勘探深度和勘探精度的不断增加，对地震资料成像精度的要求越来越高，然而潜山构造复杂，缺乏针对性采集技术，造成原始资料品质差，极大制约了地球物理研究精度的提高，因此开展针对性采集技术的研发对于潜山地震资料改善尤为必要。目前国内外的地震采集技术主要向宽频带、宽(全)方位、高密度、单检波器和小面元等方向发展。此外，在宽方位高精度地震采集中，为了降低采集成本，基于压缩感知的采集技术、多源混采等技术已受到国外各大油公司的青睐。

在中海石油(中国)有限公司天津分公司，地震采集形成了以大激发能量震源和海底电缆(包括束线采集和片状采集)为核心的数据采集技术。根据不同的探测深度，通过优选激发方式提高下传能量，例如，利用大容量气枪阵列加大下传能量，利用海底电缆采集方式拓宽地震资料低频成分，并通过优化观测系统设计，提高地下照明的均匀性和地下反射点的覆盖次数，为后续的提高信噪比和偏移成像处理奠定资料基础。此外，随着OBN(ocean bottom node)采集的逐渐推广，2019 年中海石油(中国)有限公司天津分公司完成了我国近海首块 OBN 采集。

由于潜山埋藏深度大，地震波传播路程远，衰减严重造成潜山地层反射能量弱，分辨率低，且潜山地层构造起伏大，非均质性强，地震波场散射严重，加之多次波发育造成潜山内幕信噪比低。为了从根本上解决潜山地震资料的上述问题，开展了气枪震源子波模拟、采集观测系统设计、观测系统定量评价等关键技术研究，形成了渤海地震采集设计与评价技术系列(图 4-1)。

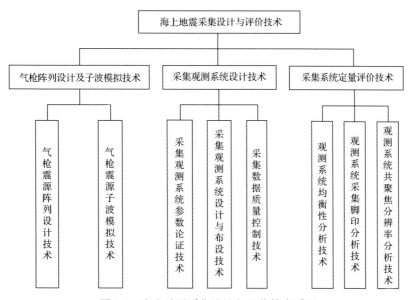

图 4-1　海上地震采集设计与评价技术系列

4.1.1　气枪阵列设计与震源子波模拟关键技术

气枪震源以其高效、环保、可控等优点已经成为海上地震勘探的主要震源类型。就地震采集工作而言，如果能够模拟并记录实际地震子波，就能够以确定性反褶积代替目前的统计性反褶积，消除地震子波的"未知性"对高分辨率地震资料处理的影响，较大幅度地改善地震记录的分辨率和保幅性(吴志强，2014；刘振武等，2013)。另一方面，采用何种气枪配置参数和阵列组合模式才能得到勘探任务所期望的"优秀"子波，而"优秀"子波的分析方法、判别标准对采集高质量的地震数据至关重要(李绪宣等，2012)。为此开展海上气枪子波模拟技术研究，包括单枪子波模拟、相干理论分析、阵列子波模拟和方向性分析、远场子波模拟及特征分析等。

气枪子波的模拟和优化有两种实现途径，一种是现场测试，另一种是室内模拟。现场测试方法不仅周期长、费用高、操作复杂，多数情况下难以记录到不受子波干涉影响的"纯粹"地震子波。相对而言，室内模拟方法不仅经济高效，而且更容易对影响子波的因素进行针对性的优化分析。

气枪单枪子波的研究以偏微分方程为起点，针对气泡半径的常微分方程进行求解，其数理基础是"自由气泡振荡理论"。该理论认为在无限流体中气枪激发释放的高压气体会形成一个自由振荡的圆形气泡。以 Ziolkowski 模型为初始气泡运动模型，综合考虑枪体节流作用、气泡上浮作用、流体黏度问题和气泡与周围流体的热传递问题等对气枪子波的影响，完成气枪子波数值模拟，使所模拟的子波与实测子波具有较高的吻合程度，从而得到气枪子波正演模拟的一般标准模型。在建立气枪子波正演模拟的一般标准模型后，就不同气枪机械结构对子波的影响进行分析，总结归纳与机械结构有直接关系和间接关系的五个参数：节流常数、节流指数、气体释放效率、流体黏度系数和热传递系数，以 Nucleus 软件模拟结果和海上采集到的实测子波为参考标准，利用模拟退火法，对以上五个参数进行优化，以实现不同枪型子波的优化模拟。

为了削弱气泡的自由振荡，延长气泡振动周期，引入了相干枪。相干枪激发时，其中一个气泡振动产生的压力波会增大另一个气泡周围流体的静水压力，从而使另一个气泡膨胀到体积最大时气泡内需要更大的压力值，所以气泡的最大体积会相对减小，使气泡内具有更大的压力值，进而气泡的振荡得到抑制。当两枪之间的距离较大(大于 8.2～10 倍的气泡平衡半径)时，两气泡之间的相互作用几乎为零，两气泡以各自的频率振动；当两枪之间的距离较小时，其中单个气泡周围静水压力会受到另一个气泡及其虚震源压力波的影响，该气泡的振荡受到抑制作用，因而气泡脉冲的能量也得到削弱。如果这两个气泡的气体容量差异较大，那么两气泡的振动周期和能量也会有较大差异，因此叠加而成的子波信号会出现两个气泡脉冲，分别对应两种容量的气泡，这时两气泡之间的相互抑制作用较小，不能很好地改善叠加子波的品质。如果两气泡具有相同的气体容量，两气泡的振动情况相同，这时两气泡之间的相互抑制作用效果最明显，相干作用最强，所产生子波的气泡脉冲能量得到削弱，气泡比增大，子波的品质提高较大。在精确模拟单枪子波的基础上，求出气泡周围的等效压力，进而模拟出相干枪中每个单枪的假想子波，并与虚震源子波进行叠加，从而得到相干枪的子波。

单枪子波或相干枪子波的主脉冲峰值能量弱，气泡脉冲值较大，气泡比较小，信噪比较低，影响了海上地震资料的分辨率，不是海上勘探中理想的震源子波(王建花等，2016)。在海上实际勘探中采用多支不同容量的气枪同时激发的调谐枪阵列。气枪容量不同，气泡的振动周期不同，因此气泡振动在远场相互抵消，主脉冲峰值得到加强，阵列的气泡比增大(张鹏等，2015)。气枪阵列远场子波是每只枪的子波及其虚反射叠加而成，与阵列中单枪子波和相干枪子波有关，但并不是简单的合成叠加。阵列子波模拟需要就枪型、容量、枪压、点火延迟、空间配置、流体性质、虚反射等因素对阵列子波的影响进行优化模拟和测试分析，使阵列子波的波型特征和频谱特征满足实际地震勘探工作的要求。

由于受到船舶、野外作业条件等因素的限制，气枪阵列设计很难做到球形对称模式，而是将多支气枪按照一定的空间方式进行排列组合设计而成，因此阵列具有一定的长度和宽度，造成阵列远场子波的能量会随着水听器与阵列中心位置之间的水平方位角和垂直方位角的不同而变化，阵列子波表现出方向性特征。作为气枪阵列震源独有的特性，方向性对于评价阵列组合设计的优劣具有重要意义。用阵列子波振幅表征阵列的方向性，推导出方向性计算公式，得出方向性为水平方位角、垂直方位角和频率的函数，从而完成阵列子波的方向性分析。

利用子波模拟技术，在渤海海域对多组枪阵行了模拟，以 7200in[3①]容量的一组震源为例，枪阵排列及容量见图 4-2，海水温度 20℃，声音在水中传播速度 1521.6m/s。

采用全频带滤波，得到的模拟子波主峰值 117，峰峰值 228，气泡比 11.7，能量分布较为对称，低频能量丰富，能够较好地满足该工区采集要求。

---

① 1in=2.54cm。

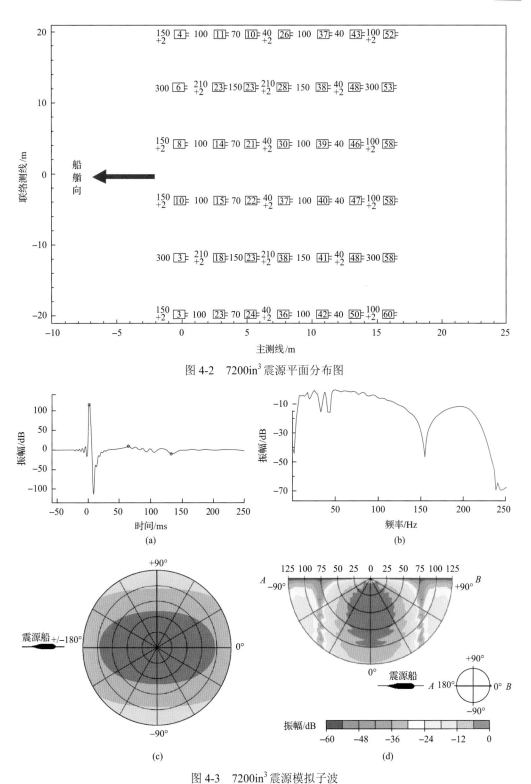

图 4-2 7200in³ 震源平面分布图

图 4-3 7200in³ 震源模拟子波

(a)模拟子波；(b)子波频谱；(c)子波平面能量分布；(d)子波侧向能量分布

4.1.2 三维观测系统定量评价技术

根据潜山地层实际地质情况开展观测系统的评价工作具有极大的现实意义，传统观测系统评价只能定性分析，无法定量评价深埋潜山成像效果。为了提高地震采集效率，最大程度发挥观测系统对研究目标的改善能力并降低采集成本，研发了三维观测系统定量评价技术体系，包括观测系统均衡性分析技术、采集脚印定量分析技术、观测系统聚焦分辨率分析技术、三维共聚焦观测系统定量评价技术等为实际地震资料采集提供了技术指导。

1. 观测系统均衡性分析技术

1) 炮检距与方位角均匀性分析

考虑到炮检距分布与炮检方位角分布对后续处理流程如速度分析、多次波压制等的重要性，需要对其均匀性进行定量的评估。

对于单个面元内炮检距的分布主要取决于最大、最小炮检距和覆盖次数的大小。最大、最小炮检距限定了炮检距的分布范围，覆盖次数的高低决定了相邻炮检对之间距离的大小(于世焕等，2010)。为了使一个道集内炮检距分布均匀，要求在一个 N 次覆盖的道集里，相邻炮检对之间炮检距的增量正好为最大炮检距的 $(N-1)$ 分之一，即满足：

$$\Delta x = \frac{x_{\max} - x_{\min}}{N-1} \tag{4-1}$$

式中，$x_{\max}$ 与 $x_{\min}$ 分别为最大、最小炮检距；N 为覆盖次数。此时的炮检距分布就是最为理想的均匀分布。

因此可以利用式(4-2)来描述面元内炮检距分布非均匀性：

$$\phi^2 = \frac{1}{N-1} \sum_{i=2}^{N} \left(x_i - x_{i-1} - \frac{x_{\max} - x_{\min}}{N-1} \right)^2 \tag{4-2}$$

式中，x_i 为第 i 道炮检距。一般情况下 $\phi^2 \geqslant 0$，ϕ^2 越小，炮检距分布就越均匀，在上面所述最为理想的情况下 $\phi^2 = 0$。

炮检方位角分布非均匀系数，覆盖非均匀系数也可以采用与炮检距非均匀系数类似的方式进行计算。对所选范围内所有面元的炮检距分布和方位角分布非均匀系数计算平均数作为所选范围的综合非均匀系数，实现对整个观测系统炮检距和方位角分布均匀性的定量评价。

2) 炮检覆盖均匀性分析

以上覆盖次数、炮检距、方位角分布均匀性分析计算都是对观测系统均匀性某一侧面特性的分析，并不能反映观测系统均匀性的全貌，为了更全面地综合评价观测系统均匀程度，引进炮检覆盖均匀性的概念。炮检覆盖均匀性是指既考虑覆盖次数均匀性，又考虑炮检距、方位角均匀性的一种评价方法，采用矢量均衡原理来计算均匀系数，是更为全面的综合性评价指标。

均匀设计的核心思想是使各个实验点在实验空间内充分均匀分散，与地震采集均衡采样的核心思想十分相似。因此，引入均匀设计理论来描述地震采样的均匀性。目前在均匀设计中，均匀性的度量有多种方法，比如基于距离概念，或基于偏差的度量。考虑各种度量方法的性质与实现复杂程度，选择了一种基于物理学的势函数模型的均匀性度量方法。势函数 f 是以 n 个点 $x_1, x_2, \cdots, x_n$ 的坐标为变量的函数，没有极大值，只有极小值。其物理意义为：假设各个布点位置均为一个带等量电荷的粒子，由于电荷间的排斥作用，这些粒子会相互远离。同时由于将该空间的电荷进行了延拓与复制，空间与空间之间也存在相互的斥力作用，这种作用会使粒子相互靠近。在两种力的平衡作用下，电荷会尽可能均匀而且分散地分布在该空间中。因此，势函数 f 越小，布点的分布也就越均匀。

对所选范围内的每个面元的炮检覆盖非均匀系数按照统计均方差的原理计算所选范围的综合非均匀系数，即可实现观测系统整体均匀性的定量评价。

利用均衡性分析方法对渤中凹陷采集设计方案的三种采集方案进行对比，具体采集参数表如表 4-1 所示。

表 4-1　渤中凹陷采集设计方案参数

项目	方案 1	方案 2	方案 3
观测系统类型	12L6K 片状	8L6K 片状	8L8S 束状
面元大小/(m×m)	12.5×12.5	12.5×12.5	12.5×12.5
覆盖次数	12(横)×24(纵)=288	8(横)×24(纵)=192	4(横)×90(纵)=360
接收道数	240×12 道	240×8 道	360×8 道
道距/m	25	25	25
炮点距/m	250(纵)/25(横)	250(纵)/25(横)	50(纵)/25(横)
接收线距/m	200	400	200
炮线距/m	250	250	50
炮点数	192	256	8
炮线数	48	48	1
主测线方向滚动距离/m	6000	6000	50
联络测线方向滚动距离/m	2400	3200	200

分别对三种采集方案进行均衡性定量分析，对比结果如图 4-4 所示。一般来说，采集方案的均衡性定量分析值越小，观测系统越均匀，越有利于地震叠前处理。对图 4-4 从炮检距和方位角的均匀性的角度进行分析，方案三最佳，方案一其次，方案二最差。均衡性定量分析结果可以定量表征炮检距和方位角的均匀性，对不同的采集方案进行定量对比，确定其优劣次序，帮助设计人员选择更加合理的地震采集观测系统方案。

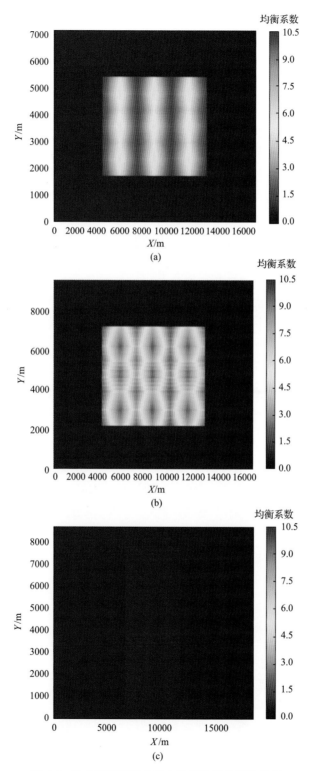

图 4-4　渤中凹陷采集设计方案炮检距均衡性结果

(a)方案一 3.18；(b)方案二 5.65；(c)方案三 3.1；X 为主侧向方向的距离；Y 为联络侧向方向的距离，下同

2. 采集脚印定量分析技术

采集脚印的本质为炮检点分布的差异带来的不同面元位置处地震波能量差异。由于地下介质的复杂性，通常只有利用地震波模拟的方法才能准确地计算出能量的具体数值。在简单的速度模型下，采集脚印可表示为不同偏移距的叠加次数经过一定加权后的线性和。为了剥离地下介质因素的影响，独立的分析观测系统因素对采集脚印的影响，必须对地下介质情况进行必要的简化。为了解析地计算上述权系数值，假设：①震源为点源，且波场以球面波方式进行扩散传播；②均匀介质条件，即假定地下介质速度为一恒定值；③考虑恒定品质因子 Q 值下地震波吸收衰减。

综合考虑地震波的下行传播—反射—上行传播(down ward propagation, reflection and upward propagation，WRW)传播过程，可以得到每一个炮检对所对应的 WRW 权系数：

$$C = |\text{WRW}| = \frac{k^2}{4\pi^2} \frac{1 - p^2 \alpha_1^2}{r^2} \frac{\rho_2 q_{\alpha_1} - \rho_1 q_{\alpha_2}}{\rho_2 q_{\alpha_1} + \rho_1 q_{\alpha_2}} \tag{4-3}$$

式中，k 为波数；p 为射线参数；r 为传播距离；ρ 为密度；q_α 为速度；α 为入射角。

对每个面元的所有 WRW 权系数分别进行累加求和，可得到目的层位地震波振幅水平切片，进而进行采集脚印分析。

上述权系数的计算考虑包括目的层上覆介质的等效速度、目的层深度、地层反射系数等因素，然后根据上述权系数模拟地震波振幅的方法生成针对目的层的模拟振幅水平切片，进而进行采集脚印分析。

定性分析：利用设计模板或观测系统数据满覆盖叠加后，根据权系数分布直观评价采集脚印的强弱，周期性越大、强弱变化越剧烈，采集脚印影响越大。

定量计算：利用设计或实际应用观测系统满覆盖叠加后，根据权系数分布定量计算采集脚印的强弱及指定范围的周期性采集脚印权系数峰谷比。周期越大，权系数峰谷差越大，则采集脚印影响越大，反之越小。通过数值大小对比，定量的评价采集脚印的强弱。

利用采集脚印分析方法对锦州 32-4 临近区块的三种采集方案进行对比，包括埃索石油公司(ESSO)区块(1997～1998 年采集)、金县(2003 年采集)和锦州 32-4 区块，具体采集参数表如表 4-2 所示。

表 4-2 锦州 32-4 临近区块历年采集参数

项目	ESSO	金县	锦州 32-4
观测系统类型	3L2S 束状	3L2S 束状	3L2S 束状
面元大小/(m×m)	6.25×25	6.25×25	1.5625×25
覆盖次数	30	45	36
炮数	2	2	2
联络测线炮距/m	50	50	50

续表

项目	ESSO	金县	锦州 32-4
缆数	3	3	3
道数	240	360	1152
道距/m	12.5	12.5	3.125
缆距/m	100	100	100
最小偏移距/m	130	180	139
炮点间隔/m	25	25	25
航线距/m	150	150	150

对三种采集方案进行采集脚印定量分析，ESSO 方案最佳，锦州 32-4 方案其次，金县方案最差(图 4-5)。采集脚印定量分析结果对不同的采集方案进行定量对比，确定其优劣次序，可帮助设计人员选择更加合理的地震采集观测系统方案。

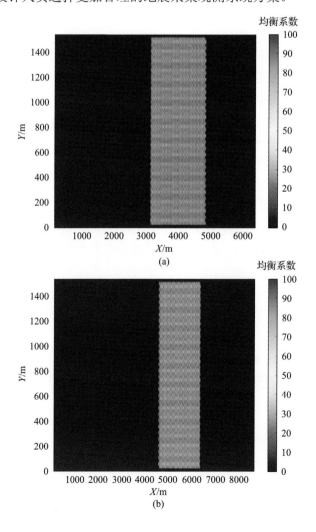

(a)

(b)

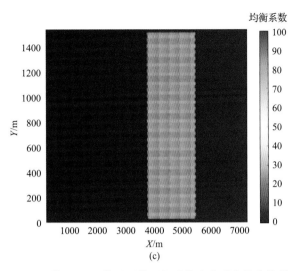

均衡系数

图 4-5　锦州 32-4 临近区块历年采集方案采集脚印结果

(a) ESSO 采集方案 7.34；(b) 金县方案 8.35；(c) 锦州 32-4 方案 7.57

3. 观测系统聚焦分辨率分析技术

观测系统聚焦分辨率分析是对检波点与震源点分别进行波场延拓及聚焦运算，得到检波点聚焦矩阵与震源点聚焦矩阵。在频率空间域将检波点聚焦矩阵与震源点聚焦矩阵进行乘积运算，可得到三维观测系统的分辨率矩阵。若将检波点聚焦矩阵与震源点聚焦矩阵分别变换至 Radon 域进行乘积，结果为 AVP(amplitude variation with ray parameter)矩阵。

聚焦分辨率分析的概念最早是从共聚焦偏移成像中得到，其算法的核心为上行波传播—反射—下行波传播模型(WRW 模型，图 4-6)。

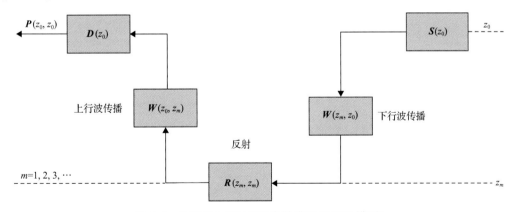

图 4-6　地震波传播过程的离散模型(WRW 模型)

z_m 为目的反射层深度，z_0 为检波点深度；$P(z_0, z_0)$ 表示地面接收到的从地下界面反射得到波场信息，每一列表示一个共震源点道集，每一行表示一个共接收点道集；$W(z_0, z_m)$ 为上行波传播矩阵，在均匀介质中，每一行为一个离散的格林函数矩阵，表示波场从 z_m 深度向上传播到 z_0 深度；$R(z_m, z_m)$ 为反射系数矩阵，表示地下反射点与邻近点之间的反射与散射关系；$W(z_m, z_0)$ 为下行波传播矩阵，在均匀介质中，每一列为一个离散的格林函数矩阵，表示波场从 z_0 深度向下传播到 z_m 深度；$D(z_0)$ 为检波点矩阵，包含检波点接收到的地震子波与检波点排列信息，一行代表一个震源排列；$S(z_0)$ 为震源点矩阵，包含震源子波与震源排列信息，一列代表一个震源排列

分辨率函数可以简单地表示为

$$P(r,r) = \sum_l B_{R,l}(r,r_f) B_{S,l}(r,r_f) \tag{4-4}$$

式中，l 为模板编号；$B_{R,l}(r,r_f)$ 与 $B_{S,l}(r,r_f)$ 分别为每个模板的检波点聚焦与震源聚焦属性。

AVP 属性为 Radon 域检波点聚焦与震源聚焦属性的乘积：

$$\tilde{P}(r,r) = \sum_l \tilde{B}_{R,l}(r,r_f) \tilde{B}_{S,l}(r,r_f) \tag{4-5}$$

式中，l 为模板编号；$\tilde{B}_{R,l}(r,r_f)$ 与 $\tilde{B}_{S,l}(r,r_f)$ 分别为 Radon 域每个模板的检波点聚焦与震源聚焦属性，分辨率与 AVP 属性的计算方式如图 4-7 所示。

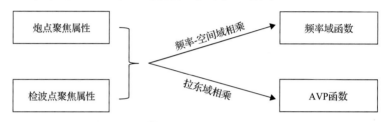

图 4-7　分辨率与 AVP 属性的计算方式

利用共聚焦分析方法对锦州 32-4 临近区块的三种采集方案进行对比，包括 ESSO 区块(1997～1998 年采集)、金县(2003 年采集)和锦州 32-4 区块，具体采集参数表如表 4-2 所示。

分别对三种采集方案进行聚焦分辨率分析，其检波点、炮点和分辨率对比结果如图 4-8 所示。三个方案预期分辨率相当，ESSO 方案略优，锦州其次。需要注意的是，金县方案覆盖次数虽然最高，但其最大的最小偏移距导致其较低的预期分辨率。聚焦分辨率分析结果对不同的采集方案进行定量对比，确定其优劣次序，可帮助设计人员选择更加合理的地震采集观测系统方案。

4. 三维共聚焦观测系统定量评价技术

常规的地震采集论证中，地震观测系统分辨率特性分析主要是以点论证的方式，对给定的地下点采用简单的方法分析观测系统的横纵向分辨率特性，得到关于面元、覆盖次数等参数的理论极限估计值。这种估计方法是建立在纯理论分析的基础上，既不针对具体的观测系统，也不联系具体的地震地质条件。基于高精度地震采集、处理技术条件，面对复杂地震地质条件、实际的观测系统对资料空间分辨率有何影响，以及上覆复杂构造对观测系统设计有何特殊要求等，都急需一种适用性的评价方法进行定量评估。

聚焦分辨率分析方法是一种直接将深度偏移理论应用于地震观测系统设计的评价方法。该方法的基本思路为针对目标位置，结合地下速度模型，计算出三维地震观测系统的检波点聚焦属性与震源点聚焦属性，进而定量分析整个观测系统的预期分辨率和 AVP 属性(或称 Radon 域振幅属性)，作为改善三维地震观测系统设计方案的依据。

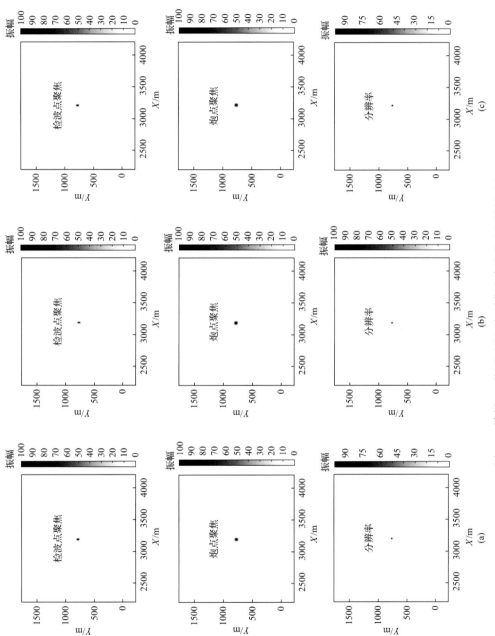

图 4-8　锦州32-4临近区块历年采集方案集焦分析结果对比

(a)ESSO区块(最小偏移距130m)；(b)金县区块(最小偏移距180m)；(c)锦州区块(最小偏移距139m)

1) 实施方案

在空间频率域中,任意一对震源点与检波点间的一次反射过程可以用下列方程描述。

$$P(z_0, z_0) = W(z_0, z_m) R(z_m, z_m) W(z_m, z_0) \tag{4-6}$$

对于某一个地下反射源,整个观测系统的地震反射过程(图4-9)可以用离散的向量或矩阵表示:

$$P(z_0, z_0) = D(z_0) W(z_0, z_m) R(z_m, z_m) W(z_m, z_0) S(z_0) \tag{4-7}$$

注意式(4-7)仅包含了一次波信息。通过多次传播反射可以将式(4-7)推广至多次波的情况。

地震偏移成像过程就是分别对 $P(z_0, z_0)$ 分别进行检波点聚焦与震源点聚焦的过程。其最终目标为去掉地震波传播效应的影响,得到地下层位的反射系数 $R(z_m, z_m)$。

利用 WRW 模型,可将偏移过程表示为

$$\begin{aligned} P_{ij}(z_m, z_m) &= F_i(z_m, z_0) P(z_0, z_0) F_j(z_0, z_m) \\ &= [F_i(z_m, z_0) D(z_0)] W(z_0, z_m) R(z_m, z_m) W(z_m, z_0) [S(z_0) F_j(z_0, z_m)] \end{aligned} \tag{4-8}$$

式中, i 为矩阵的行号; j 为矩阵的列号; $F_i(z_m, z_0)$ 与 $F_j(z_0, z_m)$ 分别为地表至 z_m 深度的检波点聚焦算子与震源点聚焦算子; $F_i(z_m, z_0) D(z_0)$ 为检波点聚焦过程; $S(z_0) F_j(z_0, z_m)$ 为震源点聚焦过程。

当 $i = j$ 时,检波点与震源点聚焦作用于同一个网格点位置。在理论情况下,聚焦过程可以去除掉所有的采集观测系统与传播因素的影响,得到地下反射系数矩阵。

$$P_{jj}(z_m, z_m) = R_{jj}(z_m, z_m) + R''_{jj}(z_j, z_j), \quad z \neq z_m \tag{4-9}$$

当 $i \neq j$ 时,检波点与震源点聚焦分别作用于不同的邻近网格点位置。

$$P_{ij}(z_m, z_m) = R_{ij}(z_m, z_m) + R''_{ij}(z_i, z_j), \quad z \neq z_m \tag{4-10}$$

式(4-9)中, $P_{ij}(z_m, z_m)$ 为邻近点间的反射系数,通过对其进行 Radon 变换,可以得到随着反射角度变化的反射系数矩阵; $R''_{ij}(z_i, z_j)$ 为来自其他层的地震波响应。上述对各个位置与深度分别进行共聚焦运算等效于地震偏移过程。

检波点聚焦属性可由式(4-11)计算:

$$B_R(r, z_r, r_f, z_f) = \int_{A_r} F(r, r_r) W(r_r, r_f) S_R(r_r) dr_r \tag{4-11}$$

式中, F 为从检波点 r_r 到 r_f 周围所有地下点的波场逆向聚焦算子; W 为从聚焦点 r_f 到各个检波点 r_r 的波场正向传播算子; S_R 为检波点在地表的采样算子,表示检波器分布情况。式(4-11)的物理意义为将一个二次震源放在聚焦点时,所有地面接收点对聚焦点及其周围点的响应(图4-9)。

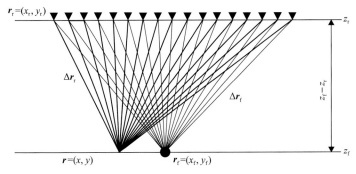

图 4-9　检波点聚焦示意图

波场正向传播算子为

$$W(r_r, r_f) = \frac{1}{2\pi} \frac{1 + jk\Delta r_f}{\Delta r_f} \cos\phi_f \frac{e^{-jk\Delta r_f}}{\Delta r_f} \tag{4-12}$$

式中，$\begin{cases} \Delta r_f = \sqrt{(x_f - x_r)^2 + (y_f - y_r)^2 + (y_f - y_r)^2} \\ \cos\phi_f = \dfrac{z_f - z_r}{\Delta r_f} \end{cases}$；$k$ 为波数。

波场的逆向聚焦算子可以近似为波场正向传播算子的共轭，即

$$F(r, r_f) = \frac{1}{2\pi} \frac{1 - jk\Delta r_r}{\Delta r_r} \cos\phi_r \frac{e^{jk\Delta r_r}}{\Delta r_r} \tag{4-13}$$

式中，$\cos\phi_r = \dfrac{z_f - z_r}{\Delta r_f}$；可以看出波场逆向聚焦算子与正向传播算子互为共轭。

当目标点较深时，即 $kr \gg 1$，式 (4-12) 与式 (4-13) 可以近似表示为

$$W(r_r, r_f) = \frac{jk}{2\pi} \cos\phi_f \frac{e^{-jk\Delta r_f}}{\Delta r_f} \tag{4-14}$$

$$F(r, r_f) = \frac{-jk}{2\pi} \cos\phi_r \frac{e^{jk\Delta r_r}}{\Delta r_r} \tag{4-15}$$

将式 (4-14) 与式 (4-15) 代入式 (4-11)：

$$B_R(r, z_r, r_f, z_f) = \int_{A_r} \frac{k^2}{4\pi^2} \cos\phi_r \frac{e^{jk\Delta r_r}}{\Delta r_r} \cos\phi_f \frac{e^{-jk\Delta r_f}}{\Delta r_f} S_R(r_r) dr_r \tag{4-16}$$

与检波点聚焦属性类似，震源点聚焦属性可以表示为

$$B_S(r_f, z_s, r, z_f) = \int_{A_s} W(r_f, r_s) F(r_s, r) S_S(r_s) dr_s \qquad (4\text{-}17)$$

进而表示为与式(4-16)相似的形式：

$$B_S(r_f, z_s, r, z_f) = \int_{A_s} \frac{k^2}{4\pi^2} \cos\phi_s \frac{e^{jk\Delta r_s}}{\Delta r_s} \cos\phi_f \frac{e^{-jk\Delta r_f}}{\Delta r_f} S_S(r_s) dr_s \qquad (4\text{-}18)$$

式中，

$$\Delta r_f = \sqrt{(x_f - x_s)^2 + (y_f - y_s)^2 + (y_f - y_s)^2}$$

$$\Delta r_s = \sqrt{(x - x_s)^2 + (y - y_s)^2 + (y - y_s)^2}$$

$$\cos\phi_f = \frac{z_f - z_s}{\Delta r_f}$$

式(4-18)的物理意义为将一个虚拟检波点放在聚焦点时，所有地面震源点对聚焦点及其周围点的响应。

2)应用效果

以三维盐丘模型(图 4-10)为例，探讨基于模型的观测系统聚焦分辨率分析方法的应用。图 4-11 为 8 线 16 道 2 炮的正交型采集模板与纵横向滚动 8 次后观测系统，满覆盖次数为 16 次。图 4-12 为 1000m 和 2000m 深度处观测系统聚焦分辨率分析结果，分辨率矩阵的主瓣宽度(主要聚焦能量分布范围)分别为 100m 与 250m，即认为此观测系统下成像空间分辨率(最小可分辨率距离)分别为 100m 与 250m，表明随着目标深度的增大，聚焦能量更加分散，分辨率明显降低。

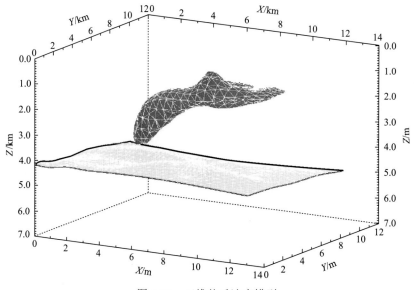

图 4-10 三维盐丘速度模型

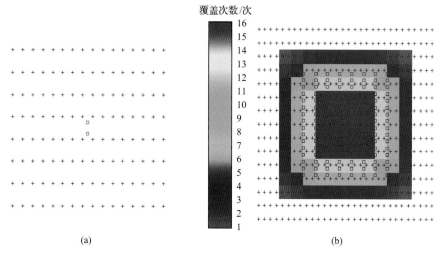

图 4-11　8 线 16 道 2 炮的正交型采集模板(a)与纵横向滚动 8 次后观测系统覆盖次数(b)

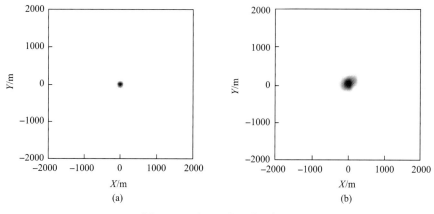

图 4-12　不同深度聚焦分辨率

(a)1000m；(b)2000m

通过对比不同观测系统的聚焦分辨率属性，可以分析各个采集参数、目的层深度和上覆介质速度对聚焦分辨率属性的影响。随着目的层深度的增加，拖缆长度和偏移半径也应加长；目的层深度越深，相应的聚焦分辨能力和成像清晰度越差，同时，道距的减小有助于压抑噪声，提高成像清晰度。

采用三维共聚焦观测系统定量评价技术，对渤中凹陷多套海底电缆采集方案进行定量评价，并针对表 4-3 的两套方案开展了基于渤中凹陷典型模型的三维共聚焦观测系统评价。图 4-13 是渤中凹陷典型地震测线剖面。根据该剖面，建立了渤中凹陷典型的深度域 2D 模型，如图 4-14 所示。基于该模型，分别针对目的层 T_{70} 和 T_{86}，根据不同目的层模拟主频要求(表 4-4)，开展了两套方案的基于模型的观测系统定量分析，如图 4-15 和图 4-16 所示。

分析图 4-15 的定量评价结果，对于目的层 T_{70} 来说，方案 2 的覆盖次数、采集脚印、炮检距、方位角均匀性都优于方案 1，对于分辨率和聚焦度评价结果来说，对于 T_{70} 上目标深度 1500m 所示点的成像，方案 2 的预期分辨率和聚焦度均优于方案 1。综合分析，方案 2 明显优于方案 1，建议采用方案 2。

表 4-3 两套观测系统设计方案

观测系统项目	方案 1	方案 2
观测系统类型	4L4K	6L4K
面元大小/(m×m)	12.5×12.5	12.5×12.5
覆盖次数	4(横)×16(纵)=64	6(横)×16(纵)=96
接收道数	160×4 道	160×6 道
道距/m	25	25
炮点距/m	250(纵)/25(横)	250(纵)/25(横)
接收线距/m	200	200
炮线距/m	250	250
炮线数	32	32
最大炮检距	5962.5	6100.5
最大非纵距	1087.5	1687.5
最大纵距	5862.5	5862.5

表 4-4 不同目的层模拟主频要求

地层	双程时/s	叠加速度/(m/s)	层速度/(m/s)	深度/m	主频/Hz
T_{50}	1.5	2460	2460	2034	50
T_{60}	1.75	2564	2650	2366	42
T_{70}	2.30	2726	2940	3082	36
T_{72}	2.50	2916	3300	3465	30
T_{80}	3.0	3145	3960	4718	26
T_{83}	3.20	3327	3890	5170	20
T_{86}	3.50	3351	3450	5880	15

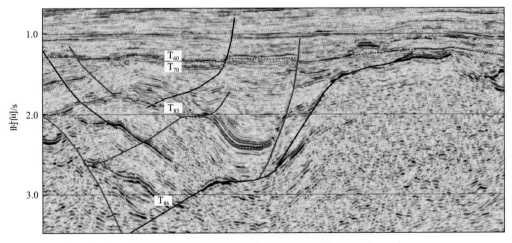

图 4-13 渤中凹陷典型地震测线剖面及位置

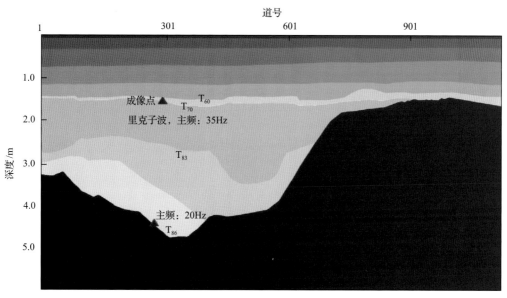

图 4-14　渤中凹陷典型深度域 2D 模型

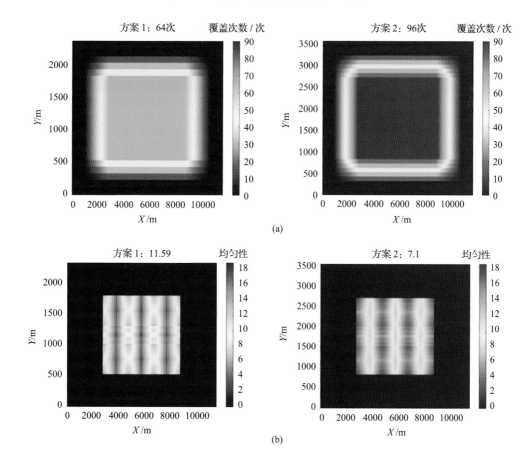

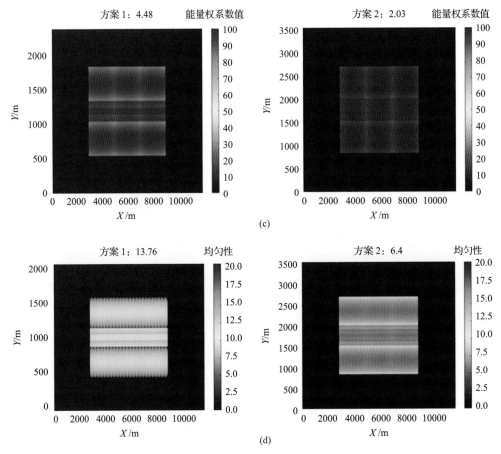

图 4-15　表 4-3 中两套方案基于模型的目的层 T_{70} 观测系统定量分析结果

(a) 覆盖次数；(b) 炮间距均匀性；(c) 采集脚印；(d) 方位角均匀性

　　另外，对于目的层 T_{86} 来说，由于其埋深较深，覆盖次数、采集脚印、炮检距、方位角均匀性对其影响不大，可以忽略。重点分析该目的层的分辨率和聚焦度评价结果，如图 4-16 所示。对于深层目的层 T_{86} 上所示点的成像，方案 2 的预期分辨率略低于方案 1，但方案 2 的聚焦度明显优于方案 1，提高了 30%。由于深层信噪比往往较低，提高信噪比比分辨率更重要。因此，对深层 T_{86} 成像，方案 2 同样优于方案 1。

　　综合分析，相对于方案 1，方案 2 增加了两条测线，无论从中浅层 T_{70} 还是深层 T_{86} 分析，方案 2 明显优于方案 1。

5. 采集效果分析

　　应用上述技术，有效改善了潜山地震资料的成像品质。图 4-17 为去除外源干扰后的单炮记录，从图 4-17 可以看出，新采集地震资料在 4s 左右仍存在明显的有效信号，说明采集过程中震源能量较合理，满足深层、超深层地震成像需求，为后期开展地震资料处理奠定了较好的基础。同时，新资料采集方式为宽方位采集(纵横比达到 0.72)，且覆盖次数高(达到 1200 次)，具备天然的多次波压制能力，且照明更好，有利于潜山内幕断层成像。图 4-18 为新、老采集资料初步叠加的地震剖面，新采集地震资料无论潜山顶面成像还是潜山内幕断层响应较老资料均明显改善。对新、老资料的频谱对比分析(图 4-19)，与先前的三维拖缆采集数据相比，新资料浅、中、深层主频都有明显的提高。图 4-20 为新、老资料的信噪比对比，新资料信噪比较高，主频范围内相比拖缆老资料提高约 25%，有利于提高潜山内幕成像。

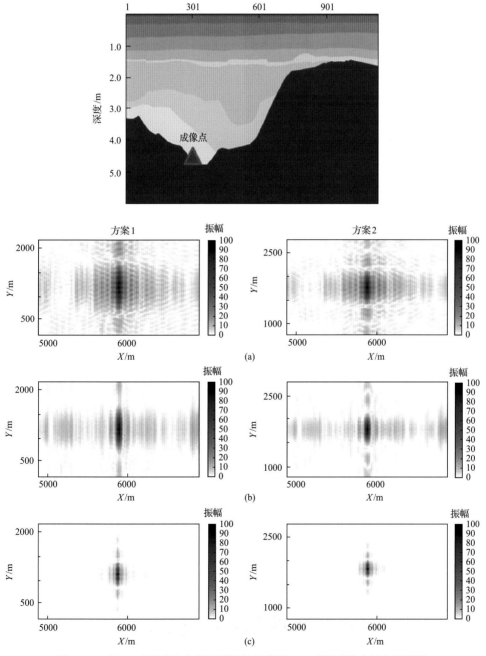

图 4-16　表 4-3 中两套方案基于模型的目的层 T86 观测系统定量分析结果

(a)检波点聚焦；(b)炮点聚焦；(c)分辨率；每(a)、(b)、(c)个小图中左边为方案 1，右边为方案 2

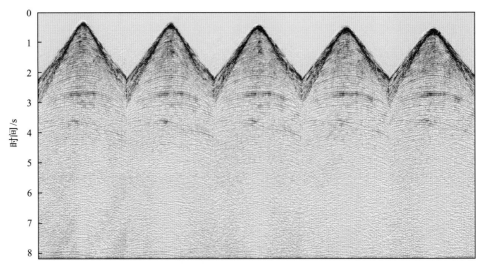

图 4-17　去除外源干扰后的新采集单炮记录

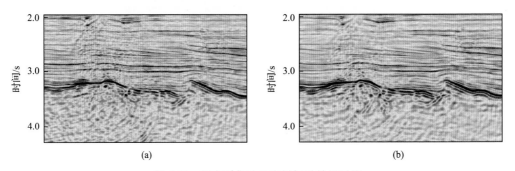

图 4-18　新老采集地震资料初叠效果对比

(a)老资料；(b)新资料

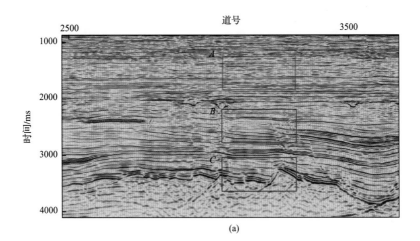

(a)

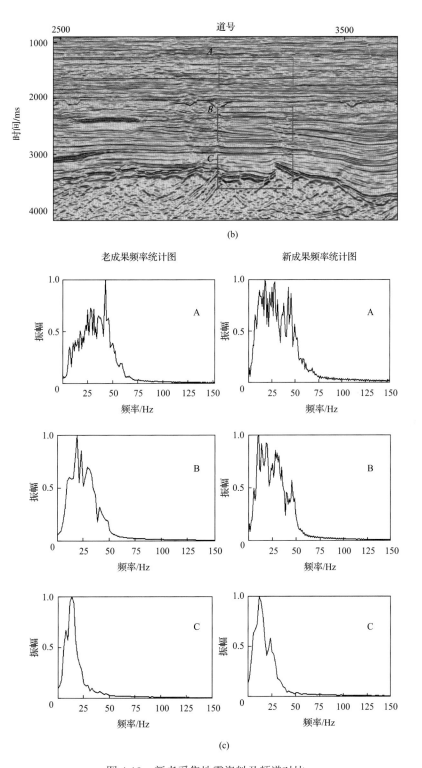

图 4-19　新老采集地震资料及频谱对比

(a)老资料(A、B、C 分别为三个时窗)；(b)新资料；(c)频谱对比(从上到下依次为
(c)小图中三个时窗的频率统计，左边为老成果，右边为新成果)

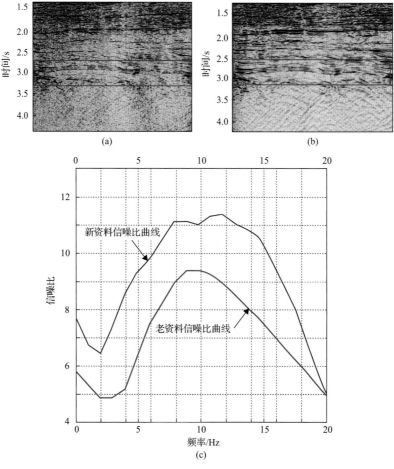

图 4-20 新老采集地震资料及信噪比对比

(a)新资料；(b)老资料；(c)信噪比

图 4-21 为新、老资料成像效果对比，新采集资料对于潜山内幕的识别能力得到了大幅度的增强，尤其是基底内幕由原来的杂乱反射，变为了陡倾角低频连续反射，揭示了潜山内幕地质结构，为潜山构造落实和储层预测奠定资料基础。

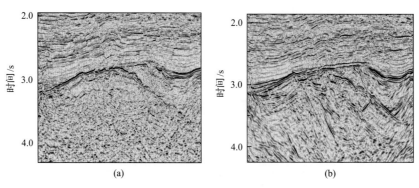

图 4-21 新老采集地震资料对比

(a)老资料；(b)新资料

4.2　潜山内幕各向异性地震资料保真成像处理技术

传统的地震勘探理论大多假设地球介质为完全弹性和各向同性，而地球内部介质的各向异性是普遍存在的，尤其是潜山裂缝型油气藏的各向异性特征明显。研究表明，忽略各向异性会影响正常时差校正(normal moveout correction，NMO)、倾角时差校正(dip moveout correction，DMO)、偏移速度分析、时间偏移和深度偏移、振幅随偏移距变化(amplitude variation with offset，AVO)分析等。目前针对复杂构造和各向异性的影响，国内外专家做了大量的研究并取得了良好的效果。偏移速度建模主要向回转波层析成像、层析成像与全波形反演(full waveform inversion，FWI)联合速度建模、各向异性速度建模等方向发展。地震偏移成像方法主要向黏弹性叠前深度偏移、最小二乘逆时偏移、各向异性深度偏移等方向发展，但受限于计算效率和存储能力，目前先进的技术方法在工业界尚未得到广泛应用。

渤海油田潜山地层具有埋藏深、构造变化快的特点，储层类型以裂缝型和裂缝孔隙型为主，潜山地层各向异性普遍存在。加之深层地震资料信噪比、分辨率低，给潜山地层成像带来巨大挑战。如何建立高精度速度场，研发适用于潜山地层的偏移算法，一直是解决潜山地层成像的主要研究目标。

针对渤海油田潜山地层的特点，结合当前行业的研究热点和难点，研发了各向异性速度建模技术和各向异性高斯射线束偏移技术，并建立了如图 4-22 所示的潜山内幕各向异性地震资料保真成像处理技术流程。

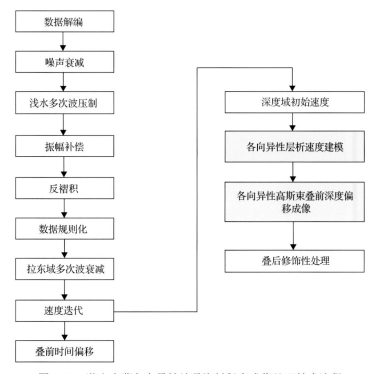

图 4-22　潜山内幕各向异性地震资料保真成像处理技术流程

4.2.1 各向异性速度建模技术

目前，面向垂直对称轴的横向各向同性（vertical transverse isotropy，VTI）、倾斜对称轴的横向各向同性（tilted transversely isotropy，TTI）介质的偏移成像技术逐渐在复杂构造区的地震资料处理中被广泛应用，但叠前深度偏移效果受速度模型精度影响较大，因此如何建立高精度速度模型成为各向异性偏移成像研究的重点。各向异性介质的速度建模主要包括各向异性速度场和各向异性参数场求取两个方面，在该过程中如何提高射线追踪的精度，高效建立和求解各向异性层析反演方程组是速度建模研究的关键，为此提出了 Lagan 法射线追踪技术，避免常规射线追踪累积误差大的问题，通过建立和求解各向异性层析反演方程组完成各向异性速度模型的建立。

1. 各向异性射线追踪技术

有关各向异性介质中的射线追踪问题，20 世纪许多地球物理学家已经做了较详细的研究，但其研究都是以各向异性介质中的地震波传播方程为基础，即

$$\frac{\partial}{\partial x_i}\left(c_{ijkl}\frac{\partial u_k}{\partial x_l}\right)=\rho\frac{\partial^2 \boldsymbol{u}}{\partial t^2} \tag{4-19}$$

式中，x_i 和 x_l 为矢量 $\boldsymbol{x}$ 的分量；t 为时间；c_{ijkl} 为介质弹性系数；ρ 为介质密度；u_k 为位移矢量 $\boldsymbol{u}$ 的分量。

根据式（4-19），Cerveny（1972）推导了一个计算效率较高的各向异性介质中的运动学射线追踪方程组，该方法并非直接解 Christoffel 矩阵的特征值，而是通过求解 Christoffel 矩阵特征值的偏微分方程形式，这里直接给出了 Cerveny 提出的各向异性介质运动学射线追踪方程组表达式：

$$\begin{cases}\dfrac{\mathrm{d}x_i}{\mathrm{d}\tau}=\boldsymbol{a}_{ijkl}\boldsymbol{p}_l\boldsymbol{g}_j\boldsymbol{g}_k\\[2mm]\dfrac{\mathrm{d}p_i}{\mathrm{d}\tau}=-\dfrac{1}{2}\dfrac{\partial \boldsymbol{a}_{njkl}}{\partial x_i}\boldsymbol{p}_n\boldsymbol{p}_l\boldsymbol{g}_j\boldsymbol{g}_k\end{cases} \tag{4-20}$$

式中，$\boldsymbol{a}_{ijkl}=c_{ijkl}/\rho$，为经过密度归一化处理的弹性常数矩阵；$\tau$ 为沿中心射线路径的走时信息；$p_i=\partial\tau/\partial x_i$，为慢度矢量在 i 方向的分量；$\boldsymbol{p}_n$、$\boldsymbol{p}_l$ 是射线参数 $\boldsymbol{p}$ 的分量；$\boldsymbol{g}_i$、$\boldsymbol{g}_j$、$\boldsymbol{g}_k$ 均为极化矢量（Alkhalifah，1995）。

若只考虑 2D 情况，式（4-20）中的特征向量可以表示为

$$\begin{cases}g_1g_1=\dfrac{\varGamma_{33}-G}{\varGamma_{11}+\varGamma_{33}-2G}\\[3mm]g_3g_3=\dfrac{\varGamma_{11}-G}{\varGamma_{11}+\varGamma_{33}-2G},\\[3mm]g_1g_3=\dfrac{-\varGamma_{13}}{\varGamma_{11}+\varGamma_{33}-2G}\end{cases} \tag{4-21}$$

式中，$\boldsymbol{\Gamma}_{ik} = \boldsymbol{a}_{ijkl}\boldsymbol{p}_j\boldsymbol{p}_l$ 为 Christoffel 矩阵，$\boldsymbol{G}$ 为程函方程。由于化简了相速度和群速度的计算式，无需计算较为耗时的平方根，计算更加简单，因此该运动学射线追踪方程组是一种计算效率较高的方法。

　　动力学射线追踪方程组的求解是一个复杂的过程，在考虑各向异性的情况下，动力学射线追踪将会变得更为复杂。因为在各向异性介质中射线中心坐标系不再是正交的，因此需要在计算过程中引入一个沿射线路径的权值变量以校正这种非正交性所带来的误差。在 1980 年 Cerveny 和 Hronl（1980）给出的各向同性介质动力学射线追踪方程组的基础上，Hanyga（1986）给出了各向异性介质中的动力学射线追踪方程组：

$$\begin{cases} \dfrac{\mathrm{d}q}{\mathrm{d}\tau} = Mp + Vq \\[2mm] \dfrac{\mathrm{d}p}{\mathrm{d}\tau} = -Vp - Hq \end{cases} \tag{4-22}$$

式中，q 为动力学射线参数；M、V、H 是程函方程对 n 和 p_n 的导数，

$$\begin{cases} H = \dfrac{1}{2}\dfrac{\partial^2 G_m}{\partial p_n^2} - \dfrac{1}{4}\left(\dfrac{\partial G_m}{\partial p_n}\right)^2 \\[3mm] M = \dfrac{1}{2}\dfrac{\partial^2 G_m}{\partial n^2} - \dfrac{1}{4}\left(\dfrac{\partial G_m}{\partial n}\right)^2 \\[3mm] V = \dfrac{1}{2}\dfrac{\partial^2 G_m}{\partial p_n \partial n} - \dfrac{1}{4}\dfrac{\partial G_m}{\partial p_n}\dfrac{\partial G_m}{\partial n} \end{cases} \tag{4-23}$$

其中，$G_m = \boldsymbol{a}_{ijkl}\boldsymbol{p}_i\boldsymbol{p}_l\boldsymbol{g}_j\boldsymbol{g}_k$，为 Christoffel 矩阵 $\det(\Gamma_{jk} - G_m\delta_{jk}) = 0$ 的特征值，它代表各向异性介质中存在的三种不同地震波的程函方程：其中当 $m=1$ 时，表示伪纵波（qP 波），当 $m=2$ 时，表示伪垂直偏振横波（qSV 波），当 $m=3$ 时，表示伪平行偏振横波（qSH 波）。

　　式（4-20）和式（4-23）中的各向异性介质运动学和动力学射线追踪方程组都是以弹性系数表示的，目前人们习惯使用物理意义更加明确直观的 Thomsen 参数来表征弱各向异性，可以通过 Thomsen 参数与弹性系数的相互转化关系来消除在这种不便（吴国忱，2006）。

　　图 4-23（a）～（c）为 VTI 介质参数场，图 4-23（d）为利用四阶 Runge-Kutta 法求解上述各向异性介质射线追踪方程组实现了各向异性介质中的射线追踪数值模拟。速度场纵横向网格数均为 501，纵横向网格间距都为 10.0m，垂向速度 V_{p0} 为 2000.0m/s，ε 为 0.12，δ 为 0.05（ε、δ 分别为表征各向异性的 Thomsen 参数），射线出射位置坐标为（2500.0m，10.0m）。将射线出射角度控制在 $-75°$～$75°$，得到各向异性介质中的射线路径如图 4-23（d）中蓝线所示。

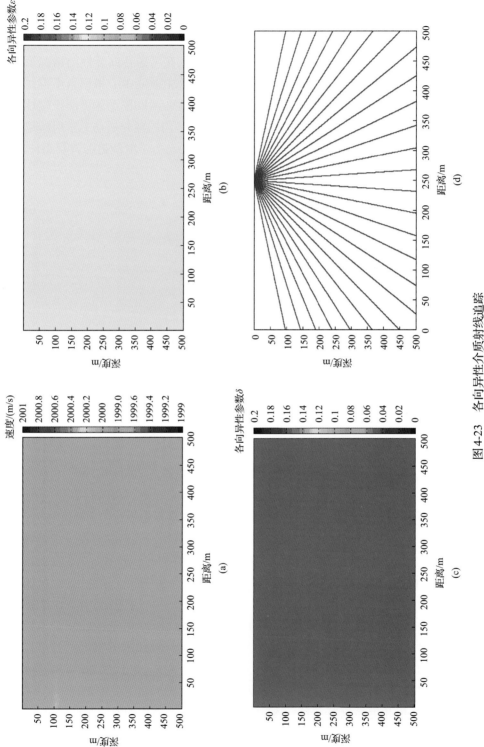

图 4-23　各向异性介质射线追踪

(a) V_{P0}=2000.0m/s；(b)ε=0.12；(c)δ=0.05；(d)各向异性介质射线追踪

图 4-24(a)～图 4-24(c)为 VTI 介质洼陷模型参数场，速度场横纵向网格数为 901×301，纵横向网格间距都为 10.0m，射线出射位置坐标为(2500.0m，10.0m)。图 4-24(d)为分别采用各向同性和各向异性射线追踪得到的同一初始出射角度的射线路径，可以看出在各向同性情况下，两者路径完全重合，而由于介质各向异性的影响，在第二层两者路径开始分离，将会对以后的偏移成像等处理产生较大影响，介质的各向异性不可忽视。

2. 各向异性层析反演方程组的建立

采用 DIX 公式将叠加速度转化为层速度得到初始偏移速度场，再将速度场进行平滑以得到初始偏移速度场。射线追踪和层析速度反演都要求先将速度模型进行参数化，即

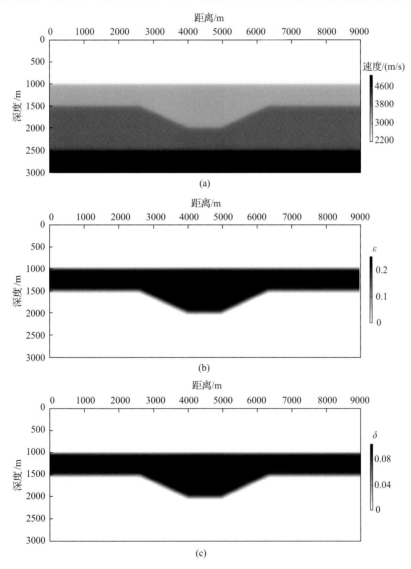

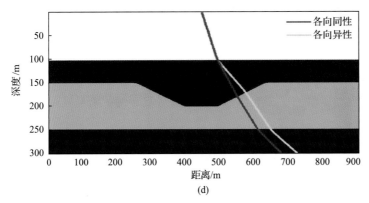

图 4-24　各向同性和各向异性介质中射线追踪对比图

(a) V_{P0} 参数场；(b) ε 参数场；(c) δ 参数场；(d) 射线追踪示意图

速度模型的表征(谢玉洪等，2014；王非翊等，2019)，速度模型的表征方式对层析速度反演的计算存储、计算效率、方程组的稳定性等都有很大影响。

三维 Radon 变换为

$$f(p,\varepsilon)=\int f(x)\delta(p-\varepsilon x)\mathrm{d}x$$
$$=\int_{-\infty}^{+\infty}\int_{-\infty}^{+\infty}\int_{-\infty}^{+\infty}f(x,y,z)\delta(x\sin\theta\cos\varphi+y\sin\theta\sin\varphi+z\cos\theta-p)\mathrm{d}x\mathrm{d}y\mathrm{d}z$$

(4-24)

根据函数 $u(x)$ 的投影值即线积分值来求被积函数 $u(x)$，从而建立三维层析反演方程：

$$\begin{pmatrix} l_{1,1,1,\beta,\theta_1} & l_{1,1,2,\beta,\theta_1} & \cdots & l_{i,j,k,\beta,\theta_1} \\ l_{1,1,1,\beta,\theta_2} & l_{1,1,2,\beta,\theta_2} & \cdots & l_{i,j,k,\beta,\theta_2} \\ \vdots & \vdots & & \vdots \\ l_{1,1,1,\beta,\theta_n} & l_{1,1,2,\beta,\theta_n} & \cdots & l_{i,j,k,\beta,\theta_n} \end{pmatrix}\begin{pmatrix} \Delta s_1 \\ \Delta s_2 \\ \vdots \\ \Delta s_n \end{pmatrix}=\begin{pmatrix} \Delta t_1 \\ \Delta t_2 \\ \vdots \\ \Delta t_n \end{pmatrix}$$

(4-25)

式中，Δs_n 为网格点 n 的慢度。

4.2.2　各向异性高斯束偏移成像技术

由于地下介质各向异性的影响，各向同性叠前深度偏移剖面中的地震层位与测井分层在深度上存在较大误差，且远偏移距道集无法有效拉平，影响叠加效果，给后续的保幅成像和叠前反演带来巨大挑战。因此，开展各向异性叠前深度偏移研究具有重要的现实意义。另一方面，潜山地层构造起伏大，部分区域地层破碎，资料信噪比低，常规基于单射线的克希霍夫叠前深度偏移受射线追踪精度和算法精度影响，造成偏移结果信噪比低，信号畸变等问题。高斯束偏移方法作为一种改进的射线类偏移方法，它不但保留了射线类偏移方法灵活高效和对陡倾构造成像的优点，而且还能够处理常规射线追踪面临的焦散区问题。

Hill(2001)在叠后高斯束偏移的基础上实现了共偏移距域数据的高斯束叠前深度偏移，随后 Nowack 等(2003)、Yue 等(2010)在此基础上，通过中心点和偏移距与炮点检波点坐标之间的转化关系，又分别实现了共炮域和共接收点域的高斯束叠前深度偏移方法。本节主要讨论能够灵活地适应复杂观测系统的共炮域各向异性高斯束叠前深度偏移方法。

1. 方法原理

根据反射波成像准则，成像结果可以看作正向传播的震源波场与反向传播的接收波场之间的互相关。而震源波场可以表示为

$$u_s(r,\omega) = C_s \int \mathrm{d}x G(r,r_s,\omega) \tag{4-26}$$

式中，C_s 为频率域子波；$G(r,r_s,\omega)$ 为格林函数；r_s 为震源点。时间域中两个波场函数的互相关，在频率域中则是反向传播波场与正向传播波场的复共轭的乘积，结合上述公式，可以得到共炮域各向异性高斯束叠前深度偏移的成像公式：

$$I_s(r) = C \int \mathrm{d}\omega \int \mathrm{d}x \int \mathrm{d}x' \frac{\partial G^*(r,r',\omega)}{\partial z'} G^*(r,r_s,\omega) u(r,r',\omega) \tag{4-27}$$

式中，$u(r,r',\omega)$ 为震源点 r_s 处激发，由接收点 r' 处接收到的地震记录。将格林函数用高斯束的叠加积分表示并对地震记录进行倾斜叠加处理，得到最终的成像公式：

$$I_s(r) = C \sum_L \int \mathrm{d}\omega \int \mathrm{d}p'_x U(r,r_s,L,p,p',\omega) D(r_s,L,p',\omega) \tag{4-28}$$

式中，p、p' 分别为震源和束中心位置处出射的高斯束的射线参数；$D(r_s,L,p',\omega)$ 为地震记录加窗倾斜叠加的结果，$U(r,r_s,L,p,p',\omega)$ 为共炮域高斯束叠前成像算子：

$$U(r,r_s,L,p,p',\omega) = -\frac{\mathrm{i}\omega}{2\pi} \iint \frac{\mathrm{d}p_x}{p_z} u_{GB}^*(r,L,p,\omega) \tag{4-29}$$

其中，$u_{GB}^*(r,L,p,\omega)$ 和 $u_{GB}^*(r,L,p',\omega)$ 分别为震源位置 r_s 处和束中心位置 L 处以 p 和 p' 方向出射的表征地下局部地震波场的单条高斯束；下标 GB 表示高斯束；I_s 为单炮的成像结果，最终的偏移成像结果为所有的炮成像值的叠加（肖建恩等，2019）。

2. 各向异性洼陷模型测试

为了验证该方法的正确性，首先采用一个较为简单的 VTI 介质洼陷模型数据进行试算。图 4-24(a)～图 4-24(c) 分别为各向异性洼陷模型的参数场 V_{P0}、ε 和 δ 的示意图，模型的横纵向网格点数为 901×301，纵、横向网格间距都为 10.0m；由图 4-24 可以看出模型的第 2 层为 ε =0.24 和 δ =0.1 的各向异性介质，其余 3 层则为常规的各向同性介质（ε =0.0，δ =0.0）。

运用各向异性中的高阶有限差分正演方法对该模型进行数值计算，观测系统为中间激发，两边接收，得到如图 4-25(a) 所示的各向异性洼陷模型的正演模拟炮记录。共激发

101 炮，炮点每次移 50.0m，每炮共 201 道接收，道间隔为 20.0m，采样时间为 2.5s，采样间隔为 1.0ms。

各向异性洼陷模型的第一炮正演模拟炮记录如图 4-25(a)所示；图 4-25(b)是将该洼陷模型视为各向同性介质(ε=0.0，δ=0.0)，即只用参数场 V_{p0} 进行正演得到的第一炮的炮记录。通过对比图 4-25(a)和图 4-25(b)可以看出，由于各向异性的存在，正演记录图 4-25(a)和图 4-25(b)中第 2 个反射波同相轴(如图中红色箭头所示)的走时及振幅信息均存在一定差异。如果对两个正演记录用同一种方法进行偏移处理，成像结果将会与模型的实际构造存在差异。

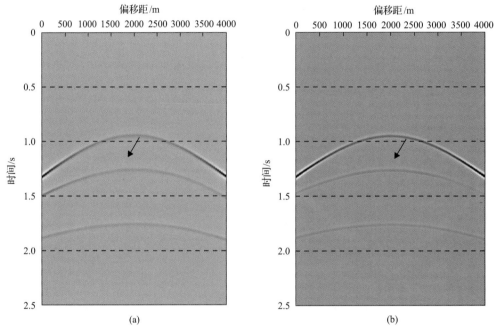

图 4-25　不同介质情况下的洼陷模型单炮记录
(a)各向异性介质单炮记录；(b)各向同性介质单炮记录

分别采用各向同性高斯束偏移和本文方法，对上述正演得到的各向异性洼陷模型的地震记录进行偏移成像处理，得到最终的偏移结果如图 4-26(a)和图 4-26(b)所示。

其中图 4-26(a)为使用各向同性介质高斯束偏移处理的成像结果，图 4-26(b)为运用本章所述的各向异性介质高斯束偏移处理的成像结果。对比图 4-26(a)和图 4-26(b)，在不考虑各向异性的情况下得到的偏移结果图 4-26(a)中洼陷构造的底端，如图 4-26(a)红色椭圆框所示位置处，绕射波收敛效果较差，并且图中红色箭头所指的第二个界面两端的平层的成像结果较差，可以看到成像剖面中同相轴有上翘现象；而图 4-27(b)所示的各向异性高斯束成像剖面的质量较高，同相轴清晰平直，准确地反映了地下构造，绕射波收敛效果好。通过对各向异性洼陷模型数据的测试表明本章方法能够很好地应用于各向异性介质的偏移成像。

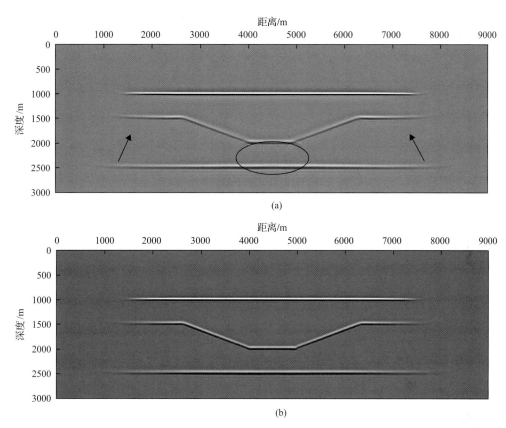

图 4-26　各向异性洼陷模型的偏移结果

(a) 各向同性高斯束偏移结果；(b) 各向异性高斯束偏移结果

3. 实际资料处理

在实现模型数据处理的基础上进一步对实际资料进行测试，使用各向同性/各向异性的方法对实际资料进行测试研究。根据渤中 19-6 三维资料的情况，对三维数据体进行偏移成像。图 4-27 和图 4-28 是分别渤中 19-6 油田主测线方向和联络测线方向新老资料对比。采用各向异性偏移成像得到的新资料中同相轴连续性更好，潜山顶面反射特征更加清楚，同时对内幕地层反射也更加清晰，信噪比更高。

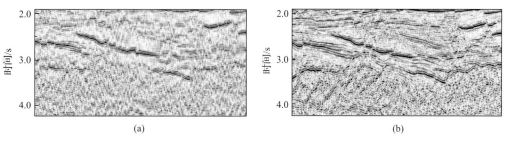

图 4-27　过主测线方向新老资料对比

(a) 老资料；(b) 新资料

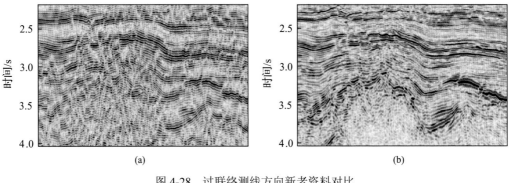

图 4-28　过联络测线方向新老资料对比
(a)老资料；(b)新资料

4.3　潜山非均质性裂缝型储层预测关键技术

　　国内外的研究现状表明，裂缝发育带(或裂缝型油气藏)地震预测技术已发展了几十年，虽然人们从诸多的方面对此问题进行了研究，但由于裂缝成因和尺度问题与地震响应特征及分辨率间的复杂关系和矛盾，裂缝发育带的地震检测技术仍处在不断完善和继续发展的阶段，成为学科研究热点之一和世界性难题之一(文晓涛等，2003；撒利明等，2010)。潜山裂缝发育带地震预测的方法技术的研究，总体上可以分为基于地震叠后信息的裂缝检测方法和基于地震叠前信息的裂缝检测(包括识别和预测)方法两大类。

　　渤海海域潜山储层的裂缝类型主要为构造裂缝，较为广泛地分布于变质岩、火山岩、碳酸盐岩及部分碎屑岩中，且主要以高角度裂缝为主。碳酸盐岩的缝洞系统中也有部分成岩作用成因的。对于受多期应力作用的深埋潜山，如渤中 19-6 等太古界变质岩潜山等，多期网状裂缝系统的存在是可能的。

　　结合区域地质特征、钻井规律及地震资料特点，根据控制裂缝形成的主控因素不同，潜山裂缝储层纵向上往往可分为风化裂缝带和内幕裂缝带。其中风化裂缝带主要是由于其长期暴露于地表，主要以风化溶蚀缝为主，在地震剖面上表现为连续的强反射；内幕裂缝带主要是受到构造活动影响形成的构造缝，在地震剖面上主要呈杂乱不连续性反射，局部具有较明显的高角度反射特征。由于风化裂缝带与内幕裂缝带地震反射及储层特征存在较大差异，因此需要根据其不同特点分别采用针对性的储层预测技术。

4.3.1　潜山风化带裂缝储层预测技术

　　潜山风化裂缝带发育在潜山上部，受构造作用和风化淋滤作用双重影响，储集空间类型为孔隙-裂缝型和裂缝型，裂缝储层非均质性强，储层物性和裂缝净毛比横向变化比较快，整体表现为似层状结构，地震上往往对应稳定连续同相轴响应。风化裂缝带储层预测的叠后方法主要是基于地震属性的微断裂或裂缝发育密集带描述，叠前储层预测方法则主要包括依据常规叠前数据的弹性参数反演预测储层物性变化以及基于叠前方位各向异性的裂缝储层非均质性预测等。

1. 叠后地震裂缝储层表征技术

叠后地震预测一直是地震裂缝储层预测的主要方法之一，依赖于属性分析技术，振幅类、频率类、相位类等地震属性，以及地震波形分类、时频分析、沿层切片等分析技术已经被广泛地应用于识别和预测裂缝发育带中。由于裂缝形态的特殊性，以上地震属性及分析技术更适用于推断裂缝发育区的概貌，而较为精细的裂缝地震属性分析主要围绕地震反射波形的突变、不连续性来开展，主要有曲率分析、相干分析、蚂蚁体等地震几何类属性，其中基于高斯核函数改进的高精度相干分析和构造导向不连续属性（structurally oriented discontinuity，SOD）属性在实际应用中取得不错的效果。

1）基于高斯核函数改进的高精度相干分析

在第三代相干技术的基础上提出了基于高斯核函数的改进算法，其主要思路是：首先对地震资料采用第三代相干算法处理，将得到的相干值与设定好的高斯核函数做褶积运算；其次将褶积运算的结果求取高阶导数，每一个值形成新的矩阵；最后，对新的矩阵进行特征分解，求取其最大特征值，将其作为最终的结果。

主要的原理公式如下：

$$H_c = \langle \boldsymbol{II}^{\mathrm{T}} \rangle = \begin{bmatrix} \langle I_x I_x \rangle & \langle I_x I_y \rangle & \langle I_x I_t \rangle \\ \langle I_y I_x \rangle & \langle I_y I_y \rangle & \langle I_y I_t \rangle \\ \langle I_t I_x \rangle & \langle I_t I_y \rangle & \langle I_t I_t \rangle \end{bmatrix} = \lambda_1 \boldsymbol{e}_1 \boldsymbol{e}_1^{\mathrm{T}} + \lambda_2 \boldsymbol{e}_2 \boldsymbol{e}_2^{\mathrm{T}} + \lambda_3 \boldsymbol{e}_3 \boldsymbol{e}_3^{\mathrm{T}} \tag{4-30}$$

式中，H_c 为由 C3 算法得到的相干本征值 λ_1，λ_2，λ_3 和本征向量 $\boldsymbol{e}_1$，$\boldsymbol{e}_2$，$\boldsymbol{e}_3$ 组成。求解以上矩阵，可以得

$$C_d = |\lambda_{\max}| = |\lambda_1| \tag{4-31}$$

然后将 C_d 和高斯核函数进行褶积，最后得到高精度相干值 C_f，具体公式如下：

$$C_f = C_d * g(x) \tag{4-32}$$

式中，$g(x)$ 称为高斯核函数，具有以下形式：

$$g(x) = \frac{1}{\sqrt{2\pi}\sigma} \mathrm{e}^{-\frac{(x-u)^2}{2\sigma^2}} \tag{4-33}$$

式中，σ 为滤波参数，一般取 $\sigma = 2$。

图 4-29 给出了改进的高精度相干和 C3 算法的本征值相干的对比结果，从图 4-29 可以看到，新算法提高了分辨率，特别是改善了剖面"挂面条"现象，有利于小尺度断裂裂缝系统识别。

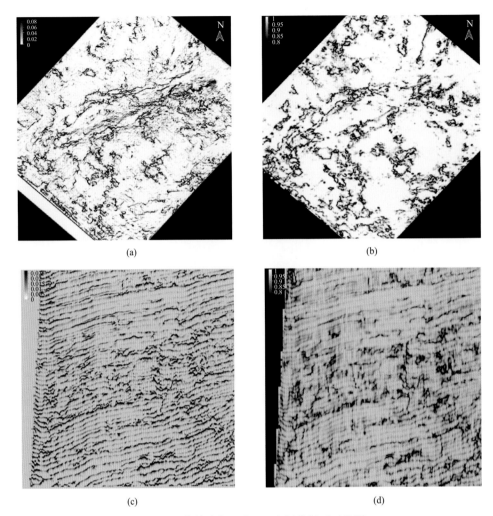

图 4-29　高精度相干和 C3 本征值相干对比图

(a)高精度相干平面；(b)C3 算法相干平面；(c)高精度相干剖面；(d)C3 算法相干剖面；各小图中色标为相干值，无单位

2)SOD 属性分析

SOD 构造导向不连续性检测属性是根据倾角和方位角属性进行统计计算得到的，能较好地反映断层、裂缝或其他原因导致的反射轴不连续分布特征，且较其他边缘检测方法对裂缝等检测效果较好。SOD 属性提取具体步骤如下。

第一步：用复地震道分析计算矢量倾角方法提取倾角和方位角(特指倾向方位角)。Luo 等(1996)根据解析道属性的三维延伸，描述了估算矢量倾角的方法。从计算瞬时频率开始：

$$w(t,x,y) = \frac{\partial \phi}{\partial t} = \frac{\partial}{\partial t} \arctan 2(u^{\mathrm{H}}, u) = \frac{u \frac{\partial u^{\mathrm{H}}}{\partial x} - u^{\mathrm{H}} \frac{\partial u}{\partial x}}{(u)^2 + (u^{\mathrm{H}})^2} \qquad (4\text{-}34)$$

式中，ϕ 为瞬时相位；$w(t,x,y)$ 为输入数据；$u^{\mathrm{H}}(t,x,y)$ 为它所对应时间 t 的希尔伯特变换；$\arctan 2$ 为反正切函数，输出的变化范围是 $-\pi$ 到 π。u 和 u^{H} 的微分是用有限差分法或通过傅里叶变换求取，用傅里叶变换特别方便，因为这通常是计算希尔伯特变换的定义域。下一步，计算瞬时波数 k_x 和 k_y：

$$k_x(t,x,y) = \frac{\partial \phi}{\partial x} = \frac{u\dfrac{\partial u^{\mathrm{H}}}{\partial x} - u^{\mathrm{H}}\dfrac{\partial u}{\partial x}}{(u)^2 + (u^{\mathrm{H}})^2} \tag{4-35}$$

$$k_y(t,x,y) = \frac{\partial \phi}{\partial y} = \frac{u\dfrac{\partial u^{\mathrm{H}}}{\partial y} - u^{\mathrm{H}}\dfrac{\partial u}{\partial y}}{(u)^2 + (u^{\mathrm{H}})^2} \tag{4-36}$$

对于输入非常大的三维地震数据体，用估算空间求异，$\dfrac{\partial u}{\partial x}$、$\dfrac{\partial u^{\mathrm{H}}}{\partial x}$、$\dfrac{\partial u}{\partial y}$ 和 $\dfrac{\partial u^{\mathrm{H}}}{\partial y}$ 更方便，利用中间差分或者相对短时傅里叶变换，由此实现将所需数据体全部储存。另外一种方法，在用式 (4-35) 和式 (4-36) 求异之前先调换立方体位置，然后通过求取 k_x、k_y 与 w 比值获得瞬时时间倾角 (p,q)：

$$p = \frac{k_x}{w} \tag{4-37}$$

$$q = \frac{k_y}{w} \tag{4-38}$$

方位角 ϕ 从 y 轴测量，真实的时间倾角 s 由下式求取：

$$\phi = \arctan 2(q,p) \tag{4-39}$$

$$s = (q^2 + p^2)^{1/2} \tag{4-40}$$

第二步：据第一步得到的倾角和方位角属性数据，统计分析各单元的倾角和方位角的横向连续性及变化量，得到能表征地层连续性的 SOD 属性体。

由于 SOD 属性在一些断层和裂缝周围表现出急剧尖锐的不连续性，使常规的 SOD 属性裂缝检测结果效果不理想，且地震资料品质较差，相干检测效果不佳。为了提高资料品质和有效裂缝响应的连续性，改进裂缝检测方法，研究中增加两步处理过程。对叠后地震资料进行三维保边去噪处理，保边界去噪方法 (edge-preserving smoothing，EPS) 能有效地解决压制噪声和削弱边缘的矛盾，该处理可以较好地保护地层倾角的信息。

图 4-30 为三维保边去噪实际效果分析，图 4-30 (a) 为合成 100*100*100 包含噪音的三维地震数据，图 4-30 (b) 为二维保边去噪处理的结果，图 4-30 (c) 为三维保边去噪处理的结果，从图 4-30 可以看出保边去噪处理保留了地层倾角信息，消除了噪音，并且三维效果较二维效果更佳。

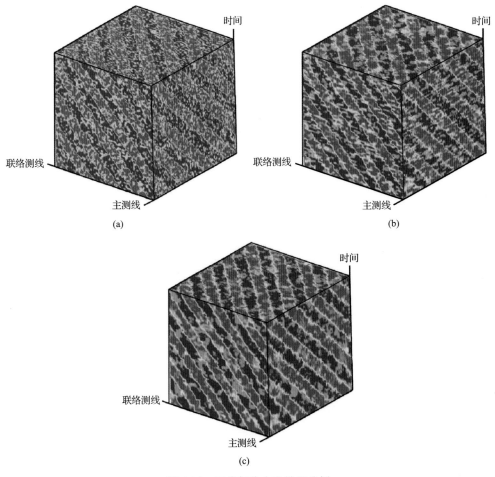

图 4-30　三维保边去噪效果分析

采取三维构造倾角中值滤波的方法对 SOD 属性和相干体属性进行增强处理,处理方法如图 4-31 所示,首先要确定滤波的角度范围,选择性增强限定角度范围内保留的信号,最后利用增强处理后的结果进行裂缝检测,最终改进的裂缝检测实现流程如图 4-32 所示。

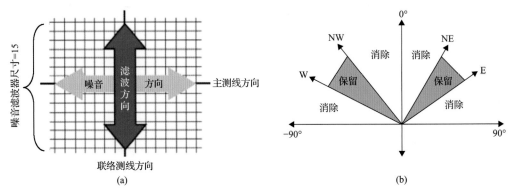

图 4-31　构造倾角中值滤波示意图

(a)线性噪音滤波示意图; (b)定向滤波示意图

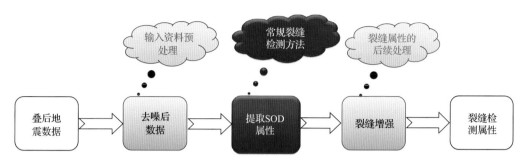

图 4-32　改进的裂缝检测流程图

2. 方位各向异性裂缝储层预测技术

基于 P 波方位各向异性原理下，利用地震资料方位信息开展方位各向异性预测能够较好地实现裂缝发育的有效表征。预测方法可以利用分方位的叠后资料开展基于振幅、频率、相干、曲率等属性求取，通过不同方位差异或多信息融合后进行裂缝预测(田立新等，2010)，也可以利用方位椭圆拟合，各向异性反演等开展更精细的裂缝方向及储层非均质性的表征(陈怀震等，2014；吴国忱等，2017；潘新朋等，2018)。

1) 裂缝等效各向异性理论

横向各向同性介质是具有对称轴的介质，根据对称轴在空间中的排列情况又可分为具有水平对称轴的等效各向同性(horizontal transverse isotropy，HTI)介质及具有垂直对称轴的等效各向同性(VTI)介质。其刚度矩阵需要五个独立的参数，对于具有垂直对称轴的等效各向同性介质而言，其刚度矩阵如下式所示：

$$\boldsymbol{C} = \begin{bmatrix} c_{11} & c_{11}-2c_{66} & c_{13} & 0 & 0 & 0 \\ c_{11}-2c_{66} & c_{11} & c_{13} & 0 & 0 & 0 \\ c_{13} & c_{13} & c_{33} & 0 & 0 & 0 \\ 0 & 0 & 0 & c_{44} & 0 & 0 \\ 0 & 0 & 0 & 0 & c_{44} & 0 \\ 0 & 0 & 0 & 0 & 0 & c_{66} \end{bmatrix} \tag{4-41}$$

对于具有水平对称轴的等效各向同性介质，其刚度矩阵如下：

$$\boldsymbol{C} = \begin{bmatrix} c_{11} & c_{12} & c_{12} & 0 & 0 & 0 \\ c_{12} & c_{22} & c_{22}-2c_{44} & 0 & 0 & 0 \\ c_{12} & c_{22}-2c_{44} & c_{22} & 0 & 0 & 0 \\ 0 & 0 & 0 & c_{44} & 0 & 0 \\ 0 & 0 & 0 & 0 & c_{55} & 0 \\ 0 & 0 & 0 & 0 & 0 & c_{55} \end{bmatrix} \tag{4-42}$$

横向各向异性介质是目前应用最为广泛的各向异性模型之一，由于实际地层中近似满足横向各向异性介质的情况较多，且横向各向异性介质的表述较为简单，因此在地震勘探领域得到了较为广泛的应用。周期性的薄互层和水平排列的平行层理都可等效为 VTI 介质，VTI 介质对称轴垂直于地表，因此采集到的有关 VTI 储层的地震数据不具有方位特征。垂直定向排列的裂缝型储层等可以等效为 HTI 介质，由于接收到的有关 HTI 的地震数据会存在方位差异，HTI 介质也是一种典型的各向异性介质。由于大地构造活动等影响，在褶皱的轴部普遍发育近垂直定向排列裂缝，该类介质就是典型的 HTI 介质。当 VTI 介质或 HTI 介质的对称轴在观测坐标中发生倾斜时，就会形成 TTI 介质。

　　地下地层受压后形成近垂直定向排列裂缝，基于等效理论可等效为 HTI 介质，HTI 介质与观测系统如图 4-33 所示。

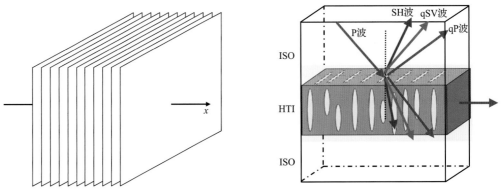

图 4-33　HTI 介质示意图
ISO：isotropy

　　Thomsen 理论认为裂缝介质中包含一套平行的能够连接裂缝与裂缝的粒间孔隙且流体压力均衡，薄硬币形裂缝定向排列稀疏分布于介质中。考虑流体在裂缝之间流动的影响，高角度缝等效介质弹性矩阵可结合等效介质理论与 Thomsen 理论进行构建。

　　在 VTI 介质本构坐标系下 Thomsen 对各向异性参数进行了推导，HTI 观测系统坐标下弹性矩阵元素如下所示：

$$c_{11} = \frac{\rho V_{\text{P90}}^2}{1 + 2\varepsilon}$$

$$c_{33} = \rho V_{\text{P90}}^2$$

$$c_{44} - (1 + 2\gamma)\rho V_{\text{S}\|90}^2 \tag{4-43}$$

$$c_{66} = \rho V_{\text{S}\|90}^2$$

$$c_{13} = \sqrt{2\delta c_{11}(c_{11} - c_{66}) + (c_{11} - c_{66})^2} - c_{66}$$

$$c_{23} = c_{33} - 2c_{44}$$

式中，ρ 为背景介质含有裂缝时的密度；V_{P90} 和 $V_{S\|90}$ 分别为背景介质含有裂缝时的各向同性面的纵波速度和横波速度。

Ruger（1998）基于弱各向异性的概念，在 Thomsen 各向异性参数的基础上，提出了 HTI 介质的纵波反射系数近似计算式：

$$R(\theta,\phi) = \frac{1}{2}\frac{\Delta Z}{\overline{Z}} + \frac{1}{2}\left\{ \frac{\Delta\alpha}{\overline{\alpha}} - \left(\frac{2\overline{\beta}}{\overline{\alpha}}\right)^2\frac{\Delta G}{\overline{G}} + \left[\Delta\delta^V + 2\left(\frac{2\overline{\beta}}{\overline{\alpha}}\right)^2\Delta\gamma\right]\cos^2(\phi-\phi_s) \right\}\sin^2\theta$$
$$+ \frac{1}{2}\left[\frac{\Delta\alpha}{\overline{\alpha}} + \Delta\varepsilon^V\cos^4(\phi-\phi_s) + \Delta\delta^V\sin^2(\phi-\phi_s)\cos^2(\phi-\phi_s)\right]\sin^2\theta\tan^2\theta \tag{4-44}$$

式中，θ 为地震波入射角；ϕ 为测线方位角；ϕ_s 为裂缝走向；$\dfrac{\Delta Z}{Z}$ 为纵波阻抗差与平均纵波阻抗之比；G 为横波模量；α 为纵波速度；β 为横波速度；"Δ" 表示界面上、下地层参数之差；上标 "V" 表示波垂向传播（对应 VTI 介质）；变量上方的 "—" 符合表示平均值；ε、δ 和 γ 为 Thomsen 弱各向异性参数。

当 θ 较小时，式（4-44）可简化为

$$R(\theta,\phi) \approx A + \left[B^{iso} + B^{ani}\cos^2(\phi-\phi_s)\right]\sin^2\theta$$
$$= C_R(\theta) + G_R(\theta)\cos^2(\phi-\phi_s) \tag{4-45}$$

式中，$C_R(\theta) = \left(A + B^{iso}\sin^2\theta + \dfrac{1}{2}B^{ani}\sin^2\theta\right)$；$G_R(\theta) = \dfrac{1}{2}B^{ani}\sin^2\theta$。对比式（4-44）和式（4-45），可得

$$A = \frac{1}{2}\frac{\Delta Z}{\overline{Z}}$$
$$B^{iso} = \frac{1}{2}\left[\frac{\Delta\alpha}{\overline{\alpha}} - \left(\frac{2\overline{\beta}}{\overline{\alpha}}\right)^2\frac{\Delta G}{\overline{G}}\right]$$
$$B^{ani} = \frac{1}{2}\left[\Delta\delta^V + 2\left(\frac{2\overline{\beta}}{\overline{\alpha}}\right)^2\Delta\gamma\right]$$

2）方位各向异性裂缝预测

通过各向异性正演模拟（图 4-34），探讨了不同裂缝密度（图 4-34 不同颜色曲线代表不同裂缝体密度）下 HTI 介质的振幅随入射角和方位角的变化（amplitude variation with angle and azimuth，AVAZ）规律，其在极坐标系下表现为一个椭圆特征。因此，可以利用椭圆拟合的方法进行各向异性检测。其中椭圆的扁率表示介质的各向异性程度，椭圆长轴方向代表裂缝走向。通过正演分析也可以发现，当裂缝发育时，往往表现为明显的方位各向异性特征，裂缝越发育，椭圆的扁率越大，因此通过方位椭圆拟合的手段能实现

对裂缝密度和裂缝方向的预测。

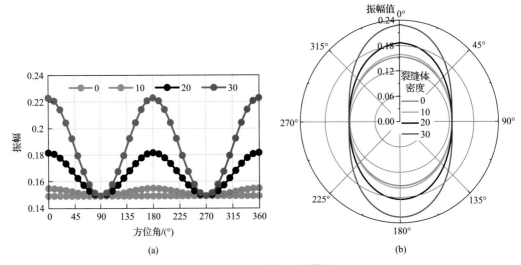

(a)

(b)

图 4-34　各向异性正演模拟

(a)不同裂缝体密度反射振幅曲线(入射角 30°)；(b)不同裂缝体密度反射极坐标表示

正演模拟明确了椭圆拟合的理论基础，通过针对实际数据开展分方位处理，基于分方位数据开展不同方位的地震属性分析，最终实现基于方位各向异性的裂缝预测。基于方位各向异性裂缝储层预测技术，实现了对风化裂缝带裂缝发育方向和裂缝发育程度的有效预测，精细描述了风化带裂缝储层发育规律(图 4-35)，预测结果为风化带井位部署提供重要依据，平面预测规律与钻井统计具有较好的吻合度。

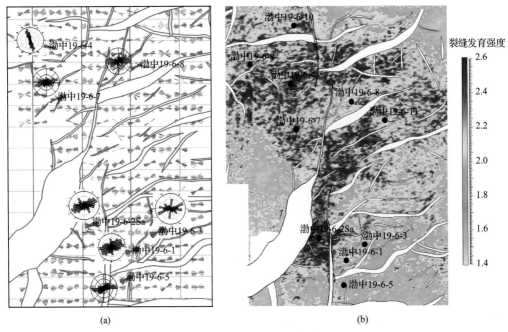

(a)

(b)

图 4-35　方位各向异性风化带裂缝储层预测结果

(a)裂缝方向预测结果；(b)裂缝发育平面属性

4.3.2　潜山内幕裂缝型储层预测技术

潜山内幕裂缝带发育在潜山内部，主要以构造成因的裂缝型储层为主，内幕裂缝的存在与内幕裂隙发育有较大联系，微观尺度裂隙发育方向存在一致性，而发育密度较高时，在宏观上将表现为大的裂缝发育特征。但由于内幕裂缝带埋深较深，海域钻遇探井数量并不多，地震资料品质较差，地震描述难度大。因此，潜山内幕裂缝储层预测首先要弄清潜山内幕裂缝地震响应机理，明确裂缝发育的主控因素及典型地震响应特征，明确地震资料对裂缝发育表征的尺度，进一步结合不同地震反射规律指导开展针对性的储层预测技术研究。

1. 潜山内幕裂缝响应机理研究

1) 潜山裂缝发育带地震响应机理分析

潜山裂缝储层相关的裂缝系统主要是构造成因，而且大多受到断裂系统的影响和控制。因此在实际工作中，常常将断裂裂缝作为一个系统来考虑，从尺度的不同来区分断裂和裂缝。因此，有关断层共生裂缝形成机理可以作为构造主控的裂缝发育带地质响应机理来描述和应用；根据目前地震采集参数和地震资料的处理解释方法综合考虑认为，裂缝所形成的基本地球物理响应机理应该是地震振幅的变化。有以下两种基本特征：①构造型裂缝大多具有高角度或有一定走向(沿断裂方向或其剪切方向)，因而导致其地震响应在平面上常常呈现出线性特征；②速度、振幅等地震响应特征沿裂缝走向和垂直裂缝走向表现出各向异性。因此研究构造主控的裂缝发育带的地质地球物理响应机理应该从以下几个方面进行。

地震响应机理研究，除应描述具体的地震响应特征外，还应该就产生这种地震响应的地震学原因进行一定的分析，以便更深入的理解和应用裂缝发育带地震响应机理进行裂缝发育带的识别和预测。

构造主控的裂缝发育带其地震响应机理研究应该围绕断层裂缝系统地震响应机理进行研究和分析。通过近年来的深入研究，并在吸收前人研究成果的基础上，提出"潜山裂缝发育带地震响应机理分析"的方法及结果(表 4-5)。图 4-36 给出一个通过正演模拟对裂缝系统尺度变化所带来的地震振幅的变化的结果，说明了利用地震资料可进行裂缝预测的机理和依据。从图 4-36 可以看出，随着裂缝带的裂缝密度变小，其能量(振幅)逐渐变弱。

表 4-5　构造主控的潜山裂缝发育带地震响应机理分析

裂缝发育带地质响应机理	裂缝发育带地震响应机理	裂缝发育带预测的依据及主要问题	地震响应机理研究方法
基于应力场变化的岩层破裂效应的断层裂缝伴生机理	断层裂缝系统形成的地震振幅变化(一般是减弱)响应机理	由于裂缝引起的地震振幅变化与岩性流体等物性差异引起的振幅变化多解，应考虑一些能够反映"裂缝造成连续地震信号突变"的响应机理，利用反映裂缝系统的平面及剖面地震属性进行预测；由于裂缝尺度与地震分辨率的严重"不匹配"，应该考虑整断断裂裂缝系统，并进行不同尺度的断裂裂缝预测	①正演模拟；②各种"独特"地震叠前/叠后地震属性分析

续表

裂缝发育带地质响应机理	裂缝发育带地震响应机理	裂缝发育带预测的依据及主要问题	地震响应机理研究方法
基于应力场变化的岩层破裂效应的断层裂缝伴生机理	非均质岩性及断裂裂缝系统形成的地震各向异性响应机理（振幅方位各向异性）	基于叠前叠后地震响应特征（振幅、弹性参数、速度）沿裂缝方向和垂直裂缝方向的各向异性的各种属性分析和反演方法；宽方位地震勘探技术的进步使各向异性地震裂缝检测技术逐渐实用化和生产化	①基于 HTI 介质的地震叠前反演和属性分析，AVAZ 等；②正演模拟和物理模拟，主要了解宽方位地震波场特征
	裂缝流体相互作用形成的地震频散响应机理	基于裂缝系统与流体岩石物理建模的地震响应模拟及反演方法；基于地震频散效应的研究方法可以揭示裂缝及流体相互作用的变化规律，为裂缝型储层的流体预测奠定基础	①岩石物理测试并建模；②裂缝和流体相互作用的复杂系统的波动方程模拟
	应力变化及岩石脆性不均可形成的区域裂缝产生的地震响应机理	由于通过地震方法进行应力及岩石脆性的理论和方法技术不够完善，这种研究依据是一种间接的方法	网状裂缝系统的地震预测方法

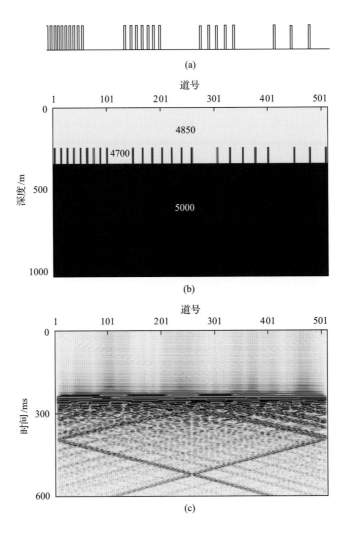

(a)

道号

(b)

道号

(c)

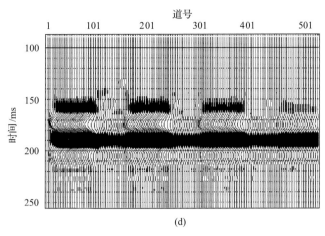

图 4-36　不同裂缝条数组成的裂缝系统引起的地震振幅变化图

(a)理论模型；(b)速度模型；(c)正演记录；(d)偏移剖面

2)裂缝发育带的地震响应数值模拟

地震波场数值模拟是地震勘探和地震学的基础。地震波场数值模拟就是在假定地下介质结构模型和相应的物理参数已知的情况下，模拟研究地震波在地下各种介质中的传播规律，并计算在地面或地下各观测点所观测到的数值地震记录的一种地震模拟方法。该方法是研究复杂地区地震资料采集、处理和解释的有效辅助手段。其方法可以归纳为三类：射线追踪法、积分方程法和波动方程数值解方法。由于波动方程的地震波场数值模拟方法采用数值计算方法直接求解波动方程，包含了地震波的动力学和运动学特征，波场信息丰富，模拟结果较为准确，所以波动方程数值模拟方法一直在地震波场数值模拟中占有重要地位。

综上所述，针对渤海潜山储层，综合测井数据、地质信息、岩石物理知识、波阻抗反演数据体及裂缝检测数据等信息进行多源信息综合建模，采用波动方程进行数值模拟研究。

渤中 21/22 潜山是一个完整的背斜构造，从上到下可以划分为三套地层(元古界花岗岩、下古生界碳酸盐岩、中生界火山岩)。潜山有利储层为下古生界碳酸盐岩，它又可以分为三个组(上组合、致密层和下组合)。古潜山经历了长时间的风化剥蚀，淡水淋滤，形成很多大小不等的溶蚀洞和高角度缝，特别是碳酸盐岩地区，因岩溶作用的影响，形成了形态各异的岩溶高地，岩溶斜坡(洼地)等地貌特征，以及溶洞、暗河、落水洞等内幕特征。

受构造作用及岩溶作用的影响，发育风化壳岩溶带和内幕溶蚀带，形成裂缝-孔隙型和孔隙型裂缝。两个溶蚀带之间被致密灰岩和泥灰岩或泥岩(致密岩)分割。潜山顶界面的风化作用导致破碎，裂缝和孔洞十分发育。在地震资料上表现为低频，强振幅，较连续的平行反射(图 4-37)。

针对碳酸盐岩内幕的裂缝型储层，结合上述剖面范围，针对性设计模型进行了正演数值模拟(图 4-38)。

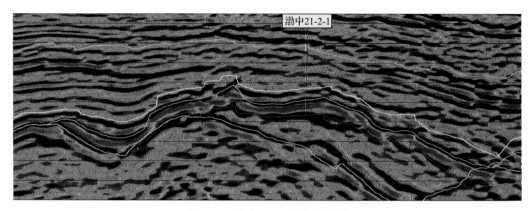

图 4-37   渤中 21 工区实际剖面

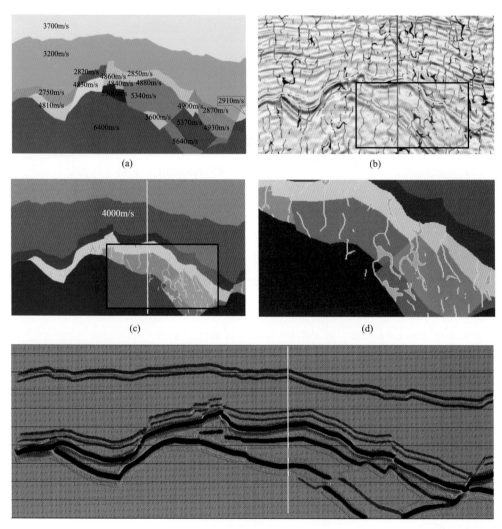

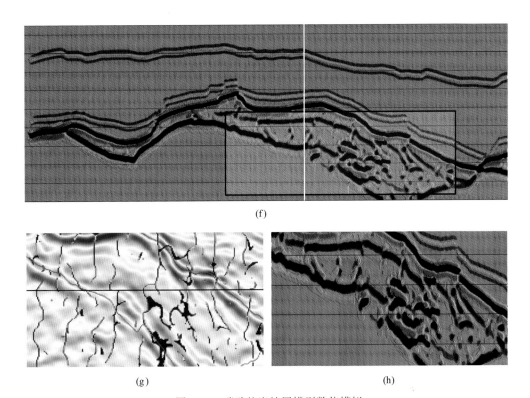

(f)

(g)　　　　　　　　　　　　　　(h)

图 4-38　碳酸盐岩储层模型数值模拟

(a)背景模型；(b)叠后裂缝检测剖面；(c)背景模型植入裂缝检测属性后构建的裂缝模型；(d)裂缝模型的局部放大显示；
(e)背景模型的数值模拟偏移剖面；(f)裂缝模型的偏移剖面；(g)叠后裂缝检测剖面的局部放大显示；(h)最终裂缝模型的偏
移结果的局部放大显示

　　在充分考虑各期断裂、潜山上方低速层及潜山内幕精细分层的基础上，建立精确的背景模型，分析统计测井数据，对背景模型进行参数填充；然后在背景模型的基础上定量的添加"裂缝/孔洞/缝洞组合"，并沿着目的层位抽取出振幅数据，与背景模型对比分析其振幅值及振幅变化率的值。得到三点认识：①能量呈中强反射特征（"缝洞"减弱顶界面反射强度），可采用振幅属性分析；②顶面反射呈弯曲或错断特征，可采用曲率或相干属性分析；③水平和倾斜裂缝具有一定的反射特征差异，为后续裂缝发育方位预测提供了基础。

　　在背景模型的基础上，根据层位控制，将叠后裂缝检测的裂缝数据植入到背景模型中；再利用 Hudson 模型等效出裂缝的速度，对裂缝位置进行速度填充。建立裂缝模型，再对此模型进行数值模拟，总结出一套地震响应规律：①孔洞发育位置，地震波场特征尤其杂乱，交替出现能量很强的短段"波峰+波谷"；②横向发育裂缝位置产生强能量的"波谷+波峰"；③垂直裂缝产生垂直间断的"波峰+波峰"形态；④潜山顶界下发育裂缝时，潜山下波谷能量减弱，有错断趋势。

2. 潜山内幕裂缝型储层预测技术

潜山内幕裂缝储层地震反射具有明显的分类特征。以渤中 19-6 为例，结合区域构造发育模式及应力场特征，基于潜山内幕地震响应机理研究，建立了潜山内幕不同尺度裂隙的划分标准(图 4-39)。其中根据地震反射特征差异，划分为大尺度裂隙带和中、小尺度裂隙带。大尺度裂隙带表现为低频、高角度、中强反射，中、小尺度裂隙带表现为低频、杂乱、断续弱反射。其中大尺度裂隙带又分为单向高角度反射和双向高角度反射。

结合区域应力分析，认为大尺度裂隙带的发育与该区构造及应力分布具有直接关系(图 4-40)，其中西块主要以挤压和拉张双重应力为主，主要发育这种双向断裂特征，中间走滑区及东块拉张应力区主要发育单向断裂为主，这种不同的断裂发育特征是不同大尺度裂隙特征的主要因素。而中、小尺度的裂隙带主要发育构造断裂相对不发育的区域。同时，裂缝的发育会使地下介质的非均质性增强。通过地震波的传播理论可知地震波在非均质性较强的地下介质传播的过程中会产生散射或绕射的现象。

基于以上不同尺度裂隙的地震响应特征和地震波传播理论分析，建立了不同的技术手段对不同尺度裂缝开展预测。其中针对这种大尺度的单向高角度反射，常规地震手段

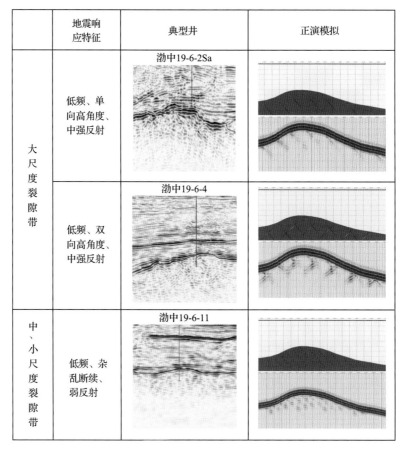

图 4-39　潜山内幕地震响应特征划分

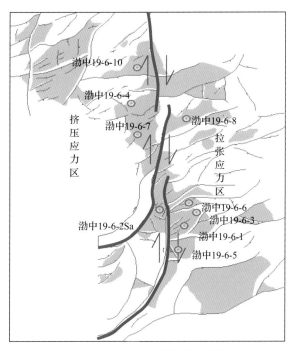

图 4-40　潜山顶面构造纲要图

基本能够解决，重点需要解决的是大尺度裂隙双向高角度反射和小尺度裂隙杂乱反射。针对大尺度裂隙通过视倾向信号分解的倾角属性来进行表征，中、小尺度的裂隙带主要通过基于绕射波的裂缝表征手段。

1) 基于视倾向信号分解的裂缝带表征技术

在常规的地震剖面上能够看出，4、7 井区这种双向高角度反射特征能量相对较弱。在倾角、曲率等叠后属性体计算的时候，这种相互交叉的能量就影响了属性体的准确计算。所以常规的地震属性对该区的储层表征效果并不理想。针对这种情况，利用基于视倾向信号分解技术将双向的高角度反射信号分离，分别形成倾向 1 和倾向 2 的两个地震数据体，再分别对两个角度的地震资料求取倾角属性，进而达到对不同倾向潜山内幕裂缝检测的目的。

(1) 视倾向信号分解原理。

针对这种交叉高角度反射，可以认为地震数据 d 是有倾向 1(S_1) 和倾向 2(S_2) 的和：

$$d = S_1 + S_2 \tag{4-46}$$

对地震数据进行信号分解处理，相当于对地震数据进行褶积运算，需要保留一个倾向高角度反射将地震数据乘上另一个倾向的衰减因子 P，进而得到估算的倾向 1 和倾向 2：

$$S_1 = P[d] \tag{4-47}$$

$$S_2 = d - P[d] \tag{4-48}$$

然而实际资料处理过程中，得到的倾向 1 数据和倾向 2 数据并非真正的两个方向的地震信号，在信号分解过程中参数选取不当会导致信号分解的不干净。对于常规的视倾向的频率-波数域信号分解方法得到的两个倾向的地震资料仍会包含一部分另一方向的信号。可以在 S_2 地震资料上重新对方向进行分离，分离后的倾向 1 方向的地震数据 S_1' 加回到 S_1 数据上：

$$S_1' = W[n] \tag{4-49}$$

$$\widehat{S_1} = S_1 + S_1' \tag{4-50}$$

式中，$W[n]$ 表示的为倾角滤波算子；S_1' 表示的是倾向 2 数据（S_2）中的倾向 1 方向的数据残留。

综合式 (4-47)、式 (4-48)、式 (4-49) 式得到倾向 1 的地震数据，如式 (4-51) 所示：

$$\widehat{S_1} = P[d] + W[d - P[d]] \tag{4-51}$$

Lift 信号分解基本原理是对原始数据进行两个方向信号分解，获得倾向 1 和倾向 2 两个地震数据，倾向 1 数据包含大部分有倾向 1 数据和极少倾向 2 数据，倾向 2 数据包括大部分有倾向 2 数据和极少倾向 1 数据；为了将地震信号完全地分解，对第一次分解出的倾向 2 数据再次进行新的分解，再次获得倾向 1 数据和倾向 2 数据，从理论上讲，信号分解可以一直进行下去；最后将所有的倾向 1 数据相加，即为最终的倾向 1 数据。以同样的方式也可以得到倾向 2 数据。最终结果可以表示成如下的形式：

$$B = B_1 + B_2 + B_3 +, \cdots, + B_n = \sum_{i=1}^{n} B_i \tag{4-52}$$

连续信号与非连续信号在频率-波数域内存在差异性，$f-k$ 变换将信号从时间空间域转换到频率波数域分析，波数的函数表达式如下：

$$k = \frac{2\pi f}{v} \tag{4-53}$$

把反射时间 t 和道位置 x 表示的函数 $f(t, x)$ 变换为以频率 f 和空间波数 k 表示的函数：

$$F(f, k) = \int_{-\infty}^{\infty} \int_{-\infty}^{\infty} f(t, x) e^{-2\pi(ft + kx)} dt dx \tag{4-54}$$

式中，$F(f, k)$ 通常称为频率-波数谱，$f-k$ 谱是关于频率 f 和波数 k 的一个谱图，将时间-空间域中的波动信号在频率-波数域中示。在时间-空间域中，波函数是时间 t 和空间坐标 (x, y) 的函数；在频率-波数域中，$f-k$ 谱是频率 f 和波数 k 的函数，其谱值反映了相应波动的幅值和能量密度 k。$f-k$ 谱揭示了波的传播功率和波数的信息。给定频率 f，$f-k$ 谱图即表示不同波数所对应的谱幅值，实践中 $f-k$ 谱图可以用一维或二维图形来表示。

另一方面，通过二维傅里叶变换成为频率-波数坐标系，意味着对地震剖面上时间-空间域的一个给定倾角的同相轴，在频率-波数域平面上为一条通过原点的直线，其斜率值 f/k 是一个常数，表示在时间-空间域上相应同相轴的视速度，倾角越大，在频率-波数域中此直线越靠近波数轴，零倾角分量则在频率轴上，零倾角相当于零波数，表示波的视速度为无穷大。这样有效信号和干扰信号在频率和视速度上是可以分开的，这为利用频率-波数域滤波压制各种干扰提供了条件。

平稳随机过程可用功率谱密度函数来表示，这个函数提供了平稳随机过程作为频率函数的功率密度的信息。传播着的波动或均匀随机场可以用时间坐标 t 和空间坐标 (x,y) 共同表示，也可以用频率-波数功率谱密度函数来表征，这个函数提供了频率和波的传播速度矢量的功率信息。f-k 域功率谱密度函数，由式(4-55)定义：

$$\Psi(k_x,k_y,f) = \int_{-\infty}^{\infty}\int_{-\infty}^{\infty}\int_{-\infty}^{\infty} R(\xi,\eta,\tau)\mathrm{e}^{\left[-\mathrm{i}2\pi(k_x\xi+k_y\eta-\omega\tau)\right]}\mathrm{d}\xi\mathrm{d}\eta\mathrm{d}\tau \tag{4-55}$$
$$R(\xi,\eta,\tau) = E\left[\Phi(x,y,t)\Phi(x+\xi,y+\eta,t+\tau)\right]$$

式中，$R(\xi,\eta,\tau)$ 为波场的相关函数；$\Phi(x,y,t)$ 为波场在 (x,y) 处 t 时刻的波幅值；k_x 和 k_y 分别为波数矢量 $\boldsymbol{k}$ 在 x 和 y 轴方向上的分量。选取不同的波数就可以完成两个倾向的信号分解。

(2) 基于视倾向信号分解的裂缝表征。

利用上述原理，对原始潜山内幕地震资料进行了视倾角的地震信号分解处理，获得不同裂隙倾向的地震资料(图 4-41)。图 4-41(a) 为原始地震剖面，图 4-41(b) 为倾向 1 的地震剖面，图 4-41(c) 为倾向 2 的地震剖面。通过剖面对比可以看出：渤中 19-6-4、渤中 19-6-7 井区在不同倾向的资料上均表现为不同倾向的高角度反射特征，并且能量得到进一步提升，而渤中 19-6-2Sa 井区主要表现为单倾向的高角度反射，仅在某一倾向的资料上存在明显的高角度反射，另一倾向上高角度反射并不明显。可以说通过这种基于视倾向信号分解的方法较好地将潜山内幕不同方向的高角度反射进行了分离。

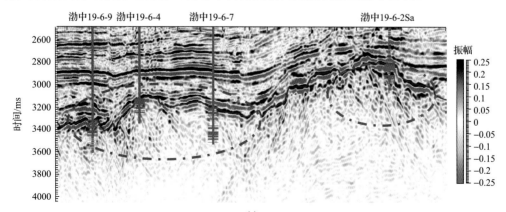

(a)

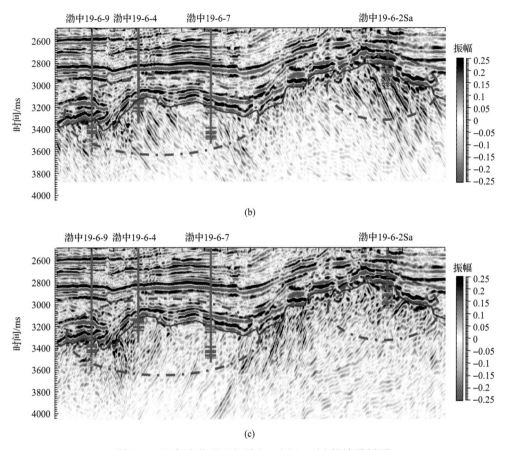

图 4-41　视倾向信号分解前(a)后(b)、(c)的地震剖面

在潜山内幕信号分解的基础上，在两个倾向地震资料分别提取倾角属性如图 4-42 和图 4-43 所示。渤中 19-6-4、渤中 19-6-7 井区的双向高角度特征能够在不同倾向的倾角上

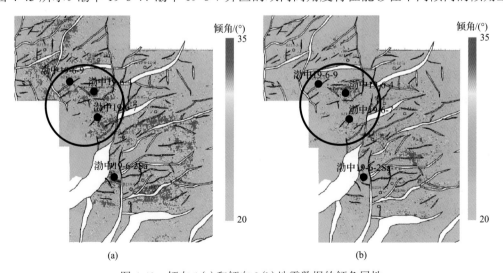

图 4-42　倾向 1(a)和倾向 2(b)地震数据的倾角属性

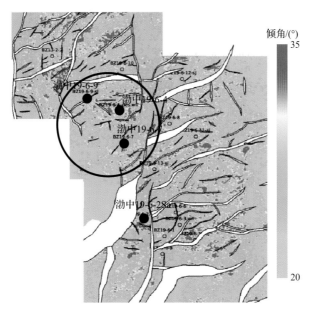

倾角/(°)
35

20

图 4-43　原始地震数据的倾角属性

均有较好的表征效果，并明显好于原始资料的表征效果，单倾向的渤中 19-6-2Sa 井仅在某一倾向的效果上有体现，在另一方向效果不明显，通过该方法实现了不同倾向大尺度裂隙的精细描述。

2) 基于绕射波的裂缝表征技术

裂缝型油气藏中，构造裂缝系统可以视为多个小尺度地质体的集合，由于其地震信号能量较弱，常规的反射波预测方法对裂缝系统的识别并不敏感。前人研究已经证实，绕射波场可以较好地描述小尺度地质体，当地质体的空间尺度接近或小于地震反射数据分辨率时(一般小于 λ/4)，从地震数据中分离的绕射波数据能够精细刻画小尺度地质体。因此，根据绕射波场的动力学和运动学特征，人们提出了不同的绕射波提取方法。叠前绕射波提取方法计算效率较低，不利于储层的快速识别，因此叠后绕射波提取方法就成为储层识别的重要手段。

叠后绕射波提取思路主要通过识别绕射波叠加或偏移后振幅、相位特征与反射波的差异性，进行绕射信息分离。依据叠后地震资料中绕射波运动学及动力学特征，采用主成分分析技术从地震信号中分解绕射波场，并针对裂缝型油气藏裂缝预测的问题提出绕射波属性分析方法，可以精细描述裂缝的分布规律。

主成分分析(principal component analysis，PCA)算法可以将目标数据分选成相互正交的数据体，分选依据为这些数据体对总方差的贡献多少。三维自相关函数的计算实际上是不同数据体之间相关因子的计算，这些数据体大小相同，只是沿着不同方向(主测线、联络测线和深度方向)存在一定的位移。PCA 算法的计算为

$$\varLambda = \varPhi^{\mathrm{T}} C \varPhi \tag{4-56}$$

式中，C 为多维向量 X 的协方差矩阵。在本章中 C 为计算数据体的三维自相关函数，$\boldsymbol{\Phi}$ 为 C 的特征向量，向量之间相互垂直，$\boldsymbol{\Lambda}$ 是特征值矩阵。

该算法通常应用在多尺度分析、数据降维压缩等方面，本章将其引入到反射波与绕射波波场分离中，通过两种波场振幅值差别和空间分布差异的特点进行波场分离。

基于目标区三维地震数据提取绕射波数据，对比反射剖面（图 4-44）和对应的绕射波剖面（图 4-45）可以看到，在常规地震反射剖面上可以分辨出较为连续的反射同相轴，对于常规的构造解释工作，只能对较大级别断层进行解释，无法对裂缝系统的空间分布进行描述。但是在分离的绕射波剖面中可以看到，进行绕射信息分离后，目标区会保留由于裂缝系统所产生的绕射波。11 井附近高角度反射特征并不明显，但存在明显的绕射或散射现象，通过这个认识我们也针对这种中小尺度裂隙发育的区域开展基于绕射波的裂缝表现，这部分绕射波的空间分布对应着裂缝的空间分布区域，在原始地震反射剖面中很难分辨的与断裂系统有关的信息。

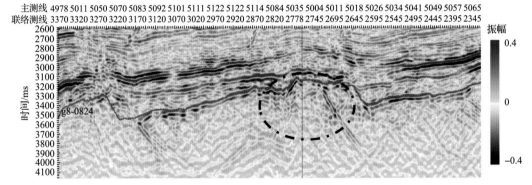

图 4-44　原始地震剖面

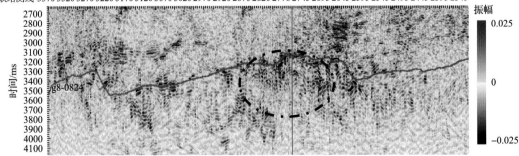

图 4-45　绕射波剖面

对于构造裂缝型油气藏，裂缝主要分布在构造变形强烈的位置，通过在绕射波数据体上提取振幅类属性对目标区中小尺度裂缝分布进行描述，得到裂缝密度预测结果如

图 4-46 所示(红色为裂缝高密度分布区)。绕射波能量主要分布在两个走滑断裂相夹持的区域和断裂相对较发育的一些区域,此区域构造变形强烈,裂缝相对发育。钻前也为 11 和 12 井的井位部署提供重要依据。最终,预测结果与 11 井解释结果十分吻合,说明绕射裂缝预测结果能够较好地描述工区内裂缝的分布规律,同时提取的裂缝信息与构造解释中的深大断裂有很好的耦合及伴生关系,与该区构造裂缝发育的地质认识及下一步潜力区提供重要依据。

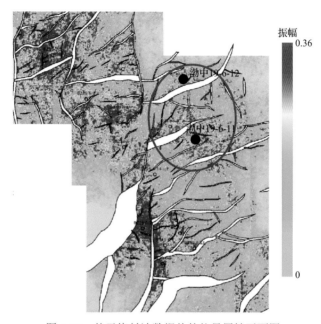

图 4-46 基于绕射波数据体的能量属性平面图

4.4 深埋潜山地震综合研究效果

综前所述,针对渤海潜山裂缝储层的复杂性和潜山地震资料的品质普遍不高的问题,开发了一些有针对性的采集处理技术,如通过宽方位、高覆盖的地震三维采集从根本上提高地震资料采集效果,通过各向异性速度建模及偏移成像技术提高潜山顶面及内幕的成像质量,为提高裂缝发育带预测的可靠性奠定了基础。储层预测方面,强调基于裂缝的地质与地震响应机理研究,对地震裂缝预测结果进行综合解释,有利于帮助我们在地震属性裂缝预测结果中进行不同尺度裂缝发育带可靠性分析,综合利用叠后高精度不连续检测方法和叠前各向异性裂缝表征技术实现了对裂缝储层非均质性的精细描述,有效提高了裂缝储层预测的精度和可靠性,为深埋潜山天然气藏勘探提供了重要技术支撑。

4.4.1 渤中 21/22 碳酸盐岩潜山地震综合研究效果

渤中 21/22 构造位于渤中凹陷西南部,具有凹中隆的构造背景,油源条件充足,成藏位置有利，古生界碳酸盐岩储层具有较大的勘探潜力。但碳酸盐岩潜山岩性及储集空间类型复杂多样，储层纵横向变化快，地震资料品质较差，需要开展针对性地震资料改善和有效地震表征方法研究。

针对渤中 21/22 构造区老资料(2008 年时间偏资料)存在的潜山顶面及内幕成像差、中生界、古生界地层尖灭点不清等问题，采用深度域 TTI 各向异性速度场建模、振幅反演技术、浅水波速度反演及各向异性叠前深度偏移[克希霍夫叠前深度偏移(prestack depth migration，PSDM，高精度控制射线束偏移(control beam migration，CBM)]等一系列处理技术对地震资料进行重处理，有效地改善了地震资料品质。图 4-47 为新老资料对比分析，新资料潜山顶面成像清晰，潜山内幕不同尺度断裂成像效果改善明显，中生界、古生界及太古界各地层接触关系清晰明确，可以有效识别古生界碳酸盐岩和中生界地层的尖灭线，为后续潜山构造落实及储层的精细表征奠定了资料基础。

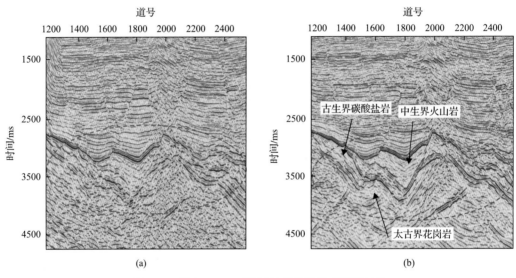

图 4-47　渤中 21/22 工区重处理前后新老资料对比
(a)老资料；(b)新资料

针对该地区的碳酸盐岩潜山裂缝储层发育问题，主要应用相干属性分析、曲率分析、方向加权高精度相干分析、叠前裂缝检测技术及应力场分析检测技术等，所得到的裂缝检测结果与地质认识和钻探结果较为吻合。

渤中 21/22 区块主要有已钻井渤中 21-2-1 和渤中 22-1-2，均有较好的油气发现。研究表明，裂缝发育带是优质储层的主要控制因素，研究主要目的之一就是应用现有的裂缝预测技术，提高该地区裂缝发育地震预测的精度，从而完成有利储层的预测。

图 4-48 展示了利用改进的 SOD 方法沿目的层段 Tg$_6$ 和 Tg$_8$ 之间提取裂缝检测信息，图 4-48 黑色表示裂缝发育带，白色表示裂缝不发育。识别和预测的裂缝发育带展布清晰，与井上解释的结果一致：主要方向为北东向和北西向(图 4-48 蓝色虚线所示)，这与构造地质背景主断层的方向一致，因此可以综合利用该结果预测裂缝发育带。

图 4-49 展示了综合利用叠后和叠前地震信息，对渤中 21/22 工区碳酸盐岩潜山裂缝发育带进行的综合预测结果。图 4-49 金黄色代表裂缝发育区域，天蓝色则表征裂缝不发育区。从图 4-49 可见，工区内渤中 21-2-1 井和渤中 22-1-2 井都处于裂缝发育带上，这与实际钻井结果相符合，且渤中 22-1-2 井比渤中 21-2-1 井裂缝更发育。

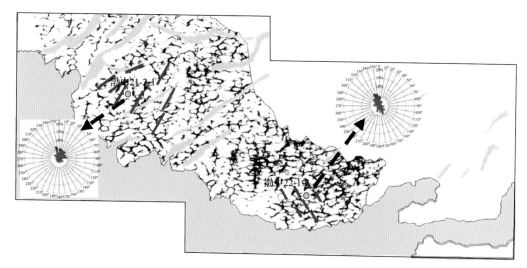

图 4-48　渤中工区 $Tg_8 \sim Tg_6$ 层 SOD 属性裂缝检测结果图

图 4-49　渤中 21/22 工区 $Tg_8 \sim Tg_6$ 层叠前检测结果图

图 4-50 展示了利用应力场分析方法所得到的渤中 21/22 工区的主应力场方向和强度。从图 4-50 可见，主应力方向与裂缝发育方向及测井分析的主应力方向一致，红色高强度应力区也与裂缝发育带吻合。

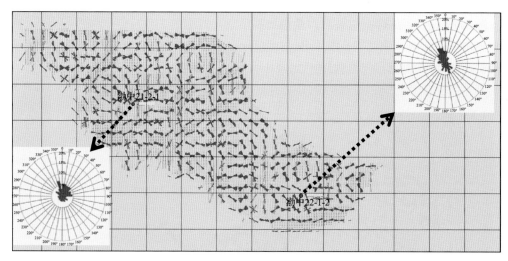

图 4-50　渤中 21/22 工区主应力场方向及强度结果图

4.4.2　渤中 19-6 变质岩潜山地震综合研究效果

渤中 19-6 太古界变质岩潜山埋深平均超过 4000m，受埋藏深、构造运动强等因素影响，潜山裂缝储层预测难度极大。其中，潜山风化裂缝带储层非均质性强，方位各向异性明显，基于窄方位地震数据开展储层精细表征难度大；潜山内幕地震资料信噪比和保真度明显降低，裂缝型储层地震响应机理不明确，潜山内幕裂缝储层预测面临重大挑战。

针对渤中 19-6 油田老资料(2001 年采集拖缆资料)存在的潜山顶面及内幕成像差，地震反射杂乱，信噪比低的问题，采用宽方位高覆盖地震采集技术，以 12L12S(12 条接收线，12 条炮线)的 OBC 束线采集方式进行三维地震资料采集，纵横比达到 0.72，覆盖次数达到 1200 次，在此基础上开展潜山内幕各向异性地震资料保真成像处理，改善地震资料品质。如图 4-51 所示为新老资料对比分析，新采集资料潜山内幕断层更加清楚，

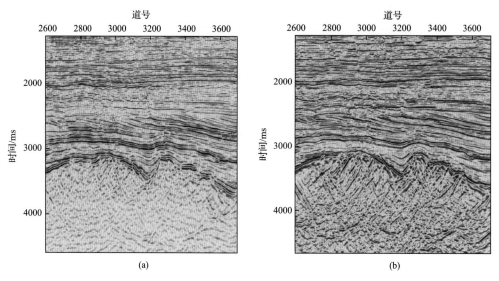

图 4-51　新老采集地震资料对比

(a)老资料；(b)新资料

为低频连续的高陡反射特征，部分区域表现为网状交叉反射，且内幕地层反射能量明显增强，信噪比更高，对于潜山内幕的识别能力得到了大幅度的增强，为后续潜山裂缝型储层的精细表征奠定了资料基础。

图 4-52 为渤中 19-6 凝析气田裂缝发育综合预测平面图，预测结果在勘探评价过程中进行成功应用，实钻净毛比与预测结果平均吻合率达到 95%，有效支持了该区块的高效勘探评价。

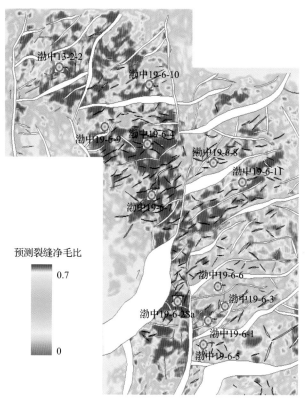

图 4-52　裂缝发育预测平面图

5.1   渤海湾盆地天然气勘探方向预测

5.1.1   环渤中凹陷

渤中凹陷是渤中拗陷新生代沉积厚度最大的凹陷，沙河街组、东营组泥岩区域性广泛分布，厚度超过 200m，5.1Ma 以来，渤中凹陷大面积快速沉降导致欠压实，泥岩超压快速形成，现今压力系数普遍超过 1.6，可将大部分天然气封盖在深层，为天然气保存提供良好的封盖条件。

渤中凹陷发育沙三段、沙一、二段和东三段 3 套优质烃源岩层系，有机质类型主要为 $II_1 \sim II_2$ 型干酪根，沙三段烃源岩埋深最大，有机质热演化程度最高已超 2.0%，处于干气阶段；沙一、二段源岩有机质热演化程度最高可达 2.0%，东三段烃源岩其成熟度大部分地区为 0.7%~0.9%，只有靠近渤中凹陷中心地区，其成熟度才达到 1.0%。因此生烃中心高成熟沙河街组优质烃源岩的大规模发育为天然气大量生产奠定了基础。

渤中凹陷潜山岩性主要为火成岩、碳酸盐岩和变质岩，这 3 种岩性因受印支、燕山和喜马拉雅等多期构造运动的影响，裂缝型储层发育，可形成立体网状储集体，为天然气储存提供了规模型储集空间。

综合来看，渤中凹陷厚层超压泥岩"被子"区域连续分布，渤中凹陷生排气量最大，同时渤中地区低潜山发育，预测具有万亿立方米天然气资源规模；因此渤中凹陷除了渤中 19-6 大型凝析气田之外的其他地区也是大型天然气田勘探的有利区带。

5.1.2   辽中凹陷北部

辽中凹陷位于渤海海域北部的辽东湾拗陷之中，辽中凹陷北部已经发现了锦州 20-2 气田，是目前渤海海域最大的天然气产区。辽中凹陷南部和北部古近系泥岩发育程度差异较大，南部地区古近系主要为砂泥岩互层，超压程度较小，规模型天然气难以有效保存。北部古近系以厚层泥岩为主，压力系数可达 1.8，为规模型天然气保存提供良好的封盖条件。

辽中凹陷沙河街组发育优质烃源岩，其母质类型主要为 II_1-II_2 型干酪根，热演化程度高，为大量天然气的生成奠定了良好的烃源岩基础。凹陷区、斜坡带及其邻近凸起区的潜山储层条件较好，可形成规模型储集体，具备规模型天然气的保存条件。

因此，辽中凹陷北部地区古近系发育厚层超压泥岩"被子"，埋深较大的沙河街组烃源岩可大量生气，潜山大规模储集体发育，是大型天然气田勘探的有利地区。

5.1.3　板桥凹陷

板桥凹陷是黄骅拗陷重要的富油气凹陷之一,油气资源丰富,位于歧口凹陷的西翼,夹持在沧东断层和大张坨断层之间,勘探面积约 700km^2。

板桥凹陷沙河街组三段发育区域性超压泥岩,沙河街组沉积时期在湖平面上升的湖侵阶段,广泛发育一套比较稳定的泥岩。泥岩在压实成岩过程中因欠压实、生烃作用而产生超压,压力系数超过 1.2,导致泥岩除具有毛细管封堵能力外还具有压力封堵能力,对该地区沙三段及其之下的天然气起到很好的封堵效果,为天然气保存起到了重要的作用。

板桥凹陷主要发育了沙三段、沙二段和沙一段等多套生烃层系,烃源岩干酪根主要以 Ⅱ-Ⅲ 型为主,烃源岩埋深约为 4100m,R_o 超过 0.7%,达到生油高峰,埋深大于 4300m 时,R_o 超过 1.2%,进入大量生气阶段。而沙三段烃源岩作为主力生气层,厚度大、有机质丰度高、热演化程度高、生气强度大,尤其是在成藏关键时期即明下段沉积末期,烃源岩生气强度一般 $(20\sim80)\times10^8 m^3/km^2$,明化镇组沉积中后期生气速率迅速增大,为板桥凹陷天然气勘探奠定了丰富的资源基础。

板桥地区沙河街组沉积时期,因受沧东大断裂的影响,碎屑物质沿断层形成大型近源扇三角洲沉积体系,同时,在凹陷及斜坡地区岩性圈闭十分发育,为深层天然气聚集提供了有利场所。

综合以上分析认为板桥凹陷深层应该为富气凹陷,是较大型天然气勘探的有利地区。

5.2　渤中 19-6 变质岩潜山气藏分布特征

2000 年以来,中国海洋石油集团有限公司天津分公司针对深层天然气开展了系统攻关研究,通过对多个大型天然气田的解剖,提出区域性盖层控制大型天然气田的认识。本着整体研究、重点突破的原则,以明确潜山天然气地质储量规模和勘探潜力为目的(朱伟林等,2002),于 2011 年在渤中凹陷西南部钻探了科学探索井渤中 1-2-1 井,潜山进尺 279m,完钻井深为 5141.0m,完钻层位为古生界奥陶系,在明化镇组、东营组都见到了良好的油气显示,解释潜山气层厚度超过 100m;但由于钻遇 H_2S 等有毒气体的影响,被迫提前终止作业,测试未获得真实产能。为了进一步落实渤中 21/22 构造区带的天然气储量规模,2013 年年底钻探了渤中 22-1-2 井完钻井深 4611.0m,解释潜山气层厚度近 100m,裸眼测试日产气量为 $40\times10^4 m^3$。渤中 21-2-1 井是渤海第一口井深超 5000m 的深井,也是渤海深层天然气勘探的一次大胆探索,为深井钻井、测试等积累了经验。但由于钻井费用高及天然气含有 H_2S、CO 等有毒气体的影响,对于该区带的勘探进入了停滞期。

2014 年以来是渤海深层天然气勘探突破阶段。通过一系列有针对性的攻关研究,在烃源岩生气机理、优质盖层"被子"封闭模式、变质岩潜山多期构造运动控储等方面都获得了重要的地质认识。研究成果认为,渤中凹陷深层具备形成大气田的烃源岩基础,具备良好的储盖条件、运移条件及保存条件,太古界潜山、孔店组圈闭面积较大、形态较好、成藏条件优越,具有较好的勘探潜力。2016 年年底在渤中 19-6 构造带钻探渤中 19-6-1 井,在深度超过 3500m 的孔店组钻遇超过 600m 的巨厚砂砾岩,测井解释气层厚度为

242.8m，太古界变质岩潜山进尺超过 150m，完钻井深为 4180.0m，发现厚度为 106.0m 的气层，打破渤海最厚油气层记录。

渤中 19-6 构造带孔店组砂砾岩和太古界变质岩巨厚气层的发现及油气测试获得高产，标志着渤海海域深层天然气勘探取得了重大突破。

5.2.1　变质岩潜山油气藏分布

渤中 19-6 气田范围内所有井均钻遇太古界潜山地层，根据 12 口井的岩心、壁心观察，并结合薄片鉴定等资料综合分析，渤中 19-6 凝析气田太古界潜山岩性以变质岩为主，潜山储集空间具有双孔介质特征，储集空间类型以裂缝-孔隙型和孔隙-裂缝型为主，宏观裂缝、微观裂缝发育，成像测井资料表明裂缝角度主要集中在 30°～80°，为中、高角度缝，裂缝既是有效的储集空间，又是良好的连续型渗流通道。在地震剖面上，太古界潜山顶面表现为中—强振幅波峰，潜山内幕整体表现为杂乱地震相反射特征，无有效的波阻抗界面。此外，结合气测、地化录井等资料综合分析，目前所有井在潜山储层段内均未见底水，表现为连续含气层段。

根据以上特征并结合国内外对潜山气藏的认识，综合分析认为渤中 19-6 凝析气田整体为块状气藏，气藏埋深 3856.0～5419.0m（图 5-1）。

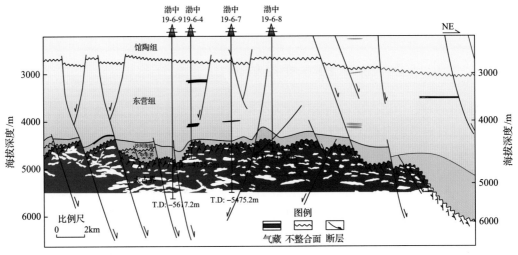

图 5-1　渤中 19-6 气田气藏模式图

T.D 为井底深度

根据渤中 19-6 凝析气田的测试、测压、取样等资料，对孔店组和太古界潜山的压力系统和温度系统进行了研究。

DST（drill-stem testing）测试表明，各井区实测地层温度为 134.1～171.9℃之间，计算凝析气田的地温梯度为 3.6℃/100m；根据 MDT（modular formation dynamics tester）测试获取的有效压力数据，计算孔店组压力梯度为 0.45MPa/100m，DST 测试孔店组地层压力在 45.711～46.959MPa，压力系数 1.280；太古界潜山 DST 实测地层压力在 46.927～48.715MPa，压力系数 1.139（图 5-2）。

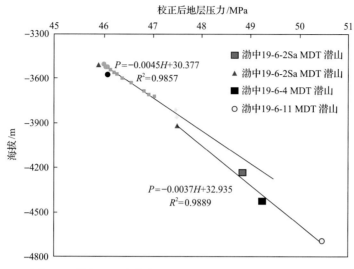

图 5-2　渤中 19-6 凝析气田地层压力(P)与深度(H)关系图

渤中 19-6 凝析气田属于正常的温度和压力系统。

5.2.2　变质岩潜山油气性质

1. 地面天然气性质

对渤中 19-6 凝析气田 4 口井天然气取样分析结果表明，渤中 19-6 凝析气田太古界潜山天然气具有中—高含 CO_2、微—低含硫、富含中间烃的特点。各组分的体积分数如下：CH_4 为 75.41%～78.27%，C_2H_6～C_6H_{14} 以上为 12.27%～13.91%，N_2 为 0.00%～0.19%，CO_2 为 9.19%～10.49%。气体相对密度 0.734～0.763，H_2S 为 9.24～36.63mg/m^3（含量：0.0006%～0.0024%）

2. 地面凝析油性质

渤中 19-6 凝析气田样品的常规分析结果证实，渤中 19-6 凝析气田太古界潜山地面凝析油与孔店组相似，同样具有低密度、低黏度、低含硫、高含蜡、高凝固点的特征。具体参数如下：20℃条件下，地面凝析油密度为 0.798～0.809t/m^3，50℃条件下，地面凝析油黏度约 1.54～2.14mPa·s，含硫量在 0.01%～0.02%，含蜡量在 13.84%～18.26%，胶质含量为 0.15%～1.28%，沥青质含量为 0.02%～0.28%，凝固点范围+17℃～+23℃。

3. 地层凝析气性质

根据渤中 19-6-2Sa 井取得的凝析气 PVT 样品，通过实验室分析及直观的相图特征分析表明(图 5-3)，气层温度介于临界温度与临界凝析温度之间，且露点压力接近地层压力，地露压差小(1.317MPa)，凝析油含量高达 711g/m^3(884cm^3/m^3)，衰竭期间最大反凝析液量 40.97%，最大反凝析压力 28.62MPa，属于高饱和特高含凝析油凝析气藏。渤中 19-6 凝析气田 BZ-19-6-2Sa 井区太古界潜山地层凝析气性质如下：地层压力为 46.927MPa，露点压力为 45.610MPa，凝析气原始条件下体积系数为 0.00381，凝析气油比为 1095m³/m³，凝析油含量 884cm³/m³，衰竭期间最大反凝析液量 40.97%，最大反凝析压力 28.620MPa。

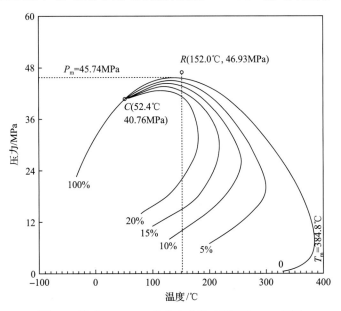

图 5-3　渤中 19-6-2Sa 井太古宇潜山凝析气 *P-T* 相图

参 考 文 献

白国平, 郑磊. 2007. 世界大气田分布特征. 天然气地球科学, 18(2): 161-167.

蔡国刚, 童亨茂. 2010. 太古宇潜山不同岩石类型裂缝发育潜力分析——以辽河西部凹陷为例. 地质力学学报, 16(3): 260-271.

蔡希源. 2010. 深层致密砂岩气藏天然气富集规律与勘探关键技术——以四川盆地川西拗陷须家河组天然气勘探为例. 石油与天然气地质, 31(6): 707-714.

曹剑, 边立曾, 胡凯, 等. 2008. 柴达木盆地北缘侏罗系不同沉积环境烃源岩生物标志物特征及其应用. 地质学报, 82(8): 1121-1128.

车自成, 罗金海, 刘良. 2016. 中国及邻区区域大地构造学. 北京: 科学出版社.

陈红汉. 2014. 单个油包裹体显微荧光特性与热成熟度评价. 石油学报, 35(3): 584-590.

陈怀震, 印兴耀, 张金强, 等. 2014. 基于方位各向异性弹性阻抗的裂缝岩石物理参数反演方法研究. 地球物理学报, 57(10): 3431-3441.

戴金星. 1992. 各类烷烃气的鉴别. 中国科学, (2): 185-193.

戴金星. 1993. 天然气碳氢同位素特征和各类天然气鉴别. 天然气地球科学, (Z1): 1-40.

戴金星, 戚厚发, 宋岩. 1985. 鉴别煤成气和油型气若干指标的初步探讨. 石油学报, 6(2): 31-38.

戴金星, 宋岩, 张厚福. 1996. 中国大中型气田形成的主要控制因素. 中国科学: 地球科学, 481-487.

戴金星, 傅诚德, 关德范. 1997a. 天然气地质研究新进展. 北京: 石油工业出版社.

戴金星, 王庭斌, 宋岩, 等. 1997b. 中国大中型气田形成条件与分布规律. 北京: 地质出版社.

戴金星, 夏新宇, 卫延召, 等. 2001. 四川盆地天然气的碳同位素特征. 石油实验地质, 23(2): 115-121.

戴金星, 夏新宇, 洪峰. 2002. 天然气地学研究促进了中国天然气储量的大幅度增长. 新疆石油地质, 23(5): 357-365.

戴金星, 陈践发, 钟宁宁, 等. 2003. 中国大气田及其气源. 北京: 石油工业出版社.

戴金星, 秦胜飞, 陶士振, 等. 2005. 中国天然气工业发展趋势和天然气地学理论重要进展. 天然气地球科学, 16(2): 127-142.

戴金星, 倪云燕, 周庆华, 等. 2008. 中国天然气地质与地球化学研究对天然气工业的重要意义. 石油勘探与开发, 35(5): 513-525.

戴金星, 秦胜飞, 胡国艺, 等. 2019. 新中国天然气勘探开发 70 年来的重大进展. 石油勘探与开发, 46(6): 1037-1046.

邓运华. 2015. 渤海大中型潜山油气田形成机理与勘探实践. 石油学报, 36(3): 253-262.

付广, 庞雄奇, 姜振学, 等. 1996. 利用声波时差资料研究泥岩盖层封闭能力的方法. 石油地球物理勘探, 31(4): 521-528.

付金华, 范立勇, 刘新社, 等. 2019. 苏里格气田成藏条件及勘探开发关键技术. 石油学报, 40(2): 240-256.

刚文哲, 高岗, 郝石生, 等. 1997. 论乙烷碳同位素在天然气成因类型研究中的应用. 石油实验地质, 2: 164-167.

高岗, 柳广弟. 2010. 湖相烃源岩混合型母质成烃演化特征热模拟研究. 矿物岩石地球化学通报, 29(3): 233-236.

高先志, 张枝焕, 张厚福. 1997. 黏土矿物对干酪根热解生烃过程的影响. 石油勘探与开发, 21 (5): 29-37.

葛建党, 朱伟林. 2001. 从渤海湾盆地海陆对比看渤海海域天然气勘探前景. 中国海上油气, 15(2): 93-98.

葛肖虹, 刘俊来, 任收麦, 等. 2014. 中国东部中—新生代大陆构造的形成与演化. 中国地质, 41(1): 19-38.

耿新华, 耿安松, 熊永强, 等. 2005. 海相碳酸盐岩烃源岩热解动力学研究: 全岩和干酪根的对比. 地球化学, 34(6): 74-80.

龚育龄, 王良书, 刘绍文, 等. 2003. 济阳拗陷地温场分布特征. 地球物理学报, 46(5): 652-658.

龚再升. 2004. 中国近海含油气盆地新构造运动与油气成藏. 地球科学—中国地质大学学报, 29(5): 513-517.

龚再升, 王国纯. 2001. 渤海新构造运动控制晚期油气成藏. 石油学报, 22(2): 1-7.

龚再升, 王国纯, 贺清. 2000. 上第三系是渤中拗陷及其周围油气勘探的主要领域. 中国海上油气, 14(3): 145-156.

郝石生. 1990. 天然气运聚动平衡及其勘探实践. 地球科学进展, 5(2): 48, 49.

郝石生. 1994. 天然气运聚动平衡及其应用. 北京: 石油工业出版社.

郝石生. 2002. 石油天然气学术论文选集. 北京: 石油工业出版社.

郝石生, 陈章明, 高耀斌, 等. 1995. 天然气藏的形成与保存. 北京: 石油工业出版社.

侯贵廷, 钱祥麟, 蔡东升, 等. 2001. 渤海湾盆地中、新生代构造演化研究. 北京大学学报(自然科学版), 37(6): 845-851

侯明才, 曹海洋, 李慧勇, 等. 2019. 渤海海域渤中19-6构造带深层潜山储层特征及其控制因素. 天然气工业, 39(1): 33-44.

胡国艺, 汪晓波, 王义凤, 等. 2009. 中国大中型气田盖层特征. 天然气地球科学, 20(2): 162-166.

胡惕麟, 戈葆雄, 张义纲, 等. 1990. 源岩吸附烃和天然气轻烃指纹参数的开发和应用. 石油实验地质, 12(4): 375-394.

胡忠良. 2005. 琼东南盆地崖南凹陷烃源岩生烃动力学和油气成藏研究. 广州: 中国科学院研究生院(广州地球化学研究所).

华晓莉, 李慧勇, 孙希家, 等. 2017. 渤海湾盆地渤中凹陷西南环古生界沉积微相及其对岩溶储集层的控制作用. 古地理学报, 19(6): 1013-1023.

黄雷, 周心怀, 王应斌, 等. 2013. 渤海西部海域新生代构造与演化及对油气聚集的控制. 地质科学, 48(1): 275-290.

黄正吉. 2003. 渤海海域烃源岩产气能力热模拟实验研究. 石油勘探与开发, 30 (5): 43-46.

贾承造, 赵文智, 魏国齐. 2002. 国外天然气勘探与研究最新进展及发展趋势. 天然气工业, 22(4): 5-9.

江怀友, 赵文智, 张东晓, 等. 2008. 世界天然气资源及勘探现状研究. 天然气工业, 28(7): 12-16.

姜福杰, 姜振学, 庞雄奇, 等. 2006. 含油包裹体丰度指数确定油气运聚范围及应用. 西南石油学院学报, 28(5): 15-18.

蒋有录. 1999. 渤海湾盆地天然气聚集带特征及形成条件. 中国石油大学学报(自然科学版), 23(5): 9-13.

蒋有录, 查明. 2010. 石油天然气地质与勘探. 北京: 石油工业出版社.

蒋有录, 叶涛, 张善文, 等. 2015. 渤海湾盆地潜山油气富集差异性与主控因素. 中国石油大学学报, 39(3): 20-29.

蒋有录, 王鑫, 于倩倩, 等. 2016. 渤海湾盆地含油气凹陷压力场特征及与油气富集关系. 石油学报, 37(11): 1361-1369.

康竹林. 2000. 中国大中型气田概论. 北京: 石油工业出版社.

赖万忠. 2000. 渤海海域天然气勘探前景. 中国海上油气, 14(3): 168-173.

兰蕾, 孙玉梅, 王柯. 2017. 南加蓬次盆深水区天然气成因类型及气源探讨. 中国石油勘探, 22(2): 67-73.

李德生. 1980. 渤海湾含油气盆地的地质和构造特征. 石油学报, 1(1): 6-20.

李刚, 梅廉夫, 郑金云. 2017. 从裂陷期到裂后期被动陆缘盆地构造-热事件. 地球科学与环境学报, 39(6): 773-786.

李剑, 王晓波, 魏国齐, 等. 2018. 天然气基础地质理论研究新进展与勘探领域. 地质勘探, 38(4): 38-45.

李三忠, 索艳辉, 戴黎明, 等. 2010. 渤海湾盆地形成与华北克拉通破坏. 地学前缘, 17(4): 64-89.

李三忠, 赵国春, 孙敏. 2016. 华北克拉通早元古代拼合与 Columbia 超大陆形成研究进展. 科学通报, 61(9): 919-925.

李术元, 林世静, 郭绍辉, 等. 2002. 矿物质对干酪根热解生烃过程的影响. 石油大学学报(自然科学版), (1): 69-74.

李思田. 2004. 大型油气系统形成的盆地动力学背景. 地球科学—中国地质大学学报, 29(5): 505-512.

李伟, 吴智平, 赵文栋, 等. 2010. 渤海湾盆地区燕山期构造特征与盆地转型. 地球物理学进展 25(6): 2068-2077.

李贤庆, 肖贤明, Tang Y, 等. 2003. 库车坳陷侏罗系煤系源岩的生烃动力学研究. 新疆石油地质, 24(6): 487-489.

李绪宣, 王建花, 张金淼, 等. 2012. 海上气枪震源阵列优化组合设计与应用. 石油学报, 33(S1): 142-148.

李勇, 钟建华, 温志峰, 等. 2006. 印支运动对济阳拗陷构造形态形成演化的影响. 地质论评, 52(3): 321-330.

李振铎, 胡义军, 谭芳. 1998. 鄂尔多斯盆地上古生界深盆气研究. 天然气工业, 18(3): 10-16.

梁生正, 任铁扣, 曾宪云, 等. 2005. 渤海湾盆地天然气勘探方向与目标. 石油实验地质, 27(6): 565-569.

刘方槐. 1991. 盖层在气藏保存和破坏中的作用及其评价方法. 天然气地球科学, 2(5): 220-227.

刘金钟, 唐永春. 1998. 用干酪根生烃动力学方法预测甲烷生成量之一例. 科学通报, 43(11): 1187-1191.

刘全有, 金之均, 高波, 等. 2010. 四川盆地二叠系不同类型烃源岩生烃热模拟实验. 天然气地球科学, 21(5): 700-703.

刘少峰, 张国伟, 程顺有, 等. 1999. 东秦岭-大别山及邻区挠曲类盆地演化与碰撞造山过程. 地质科学, 34(3): 336-346.

刘晓峰, 解习农, 张成. 2008. 渤海湾盆地渤中拗陷储层超压特征与成因机制. 地球科学—中国地质大学学报, 33(3): 337-341.

刘振武, 撒利明, 董世泰, 等. 2013. 地震数据采集核心装备现状及发展方向. 石油地球物理勘探, 48(4): 663-676.

柳广第, 李剑, 李景明, 等. 2005. 天然气成藏过程有效性的主控因素与评价方法. 天然气地球科学, 16(1): 1-6.

卢双舫, 付广, 王朋岩. 2002. 天然气富集主控因素的定量研究. 北京: 石油工业出版社.

陆克政, 漆家福, 戴俊生, 等. 1997. 渤海湾新生代含油气盆地构造样式. 北京: 地质出版社.

罗晓容. 2003. 油气运聚动力学研究进展及存在问题. 天然气地球科学, 14(5): 337-346.

马启富, 陈思忠. 2000. 超压盆地与油气分布. 北京: 地质出版社.

马新华, 杨雨, 文龙, 等. 2019. 四川盆地海相碳酸盐岩大中型气田分布规律及勘探方向. 石油勘探与开发, 46(1): 1-13.

马杏垣, 刘和甫, 王维襄. 1983. 中国东部中、新生代裂陷作用与伸展构造. 地质学报, 57(1): 22-32.

梅博文, 刘希江. 1980. 我国原油中异戊间二烯烷烃的分布及其与地质环境的关系. 石油与天然气地质, (2): 21-37.

潘新朋, 张广智, 印兴耀. 2018. 岩石物理驱动的储层裂缝参数与物性参数概率地震反演方法. 地球物理学报, 61(2): 683-696.

彭波. 2013. 渤海湾盆地能量场差异演化及其控制的油气生运聚过程. 北京: 中国石油大学(北京).

彭波, 邹华耀. 2013. 渤海盆地现今岩石圈热结构及新生代构造-热演化史. 现代地质, 27(6): 1399-1406.

漆家福. 2004. 渤海湾新生代盆地的两种构造系统及其成因解释. 中国地质, 4(1): 15-22.

漆家福, 张一伟, 陆克政, 等. 1995. 渤海湾盆地新生代构造演化. 中国石油大学学报(自然科学版), 19(z1): 1-6.

漆家福, 邓荣敬, 周心怀, 等. 2008. 渤海海域新生代盆地中的郯庐断裂带构造. 中国科学: 地球科学, 38(z1): 19-29.

秦建中, 刘宝泉. 2005 海相不同类型烃源岩生排烃模式研究. 石油实验地质, (1): 75-81.

任纪舜. 1994. 中国大陆的组成、结构、演化和动力学. 地球学报, 3(4): 5-13.

任战利, 张盛, 高胜利, 等. 2007. 鄂尔多斯盆地构造热演化史及其成藏成矿意义. 中国科学 D 辑(地球科学), 37(S1): 23-32.

任战利, 刘丽, 崔军平, 等. 2008. 盆地构造热演化史在油气成藏期次研究中的应用. 石油与天然气地质, 29(4): 502-506.

撒利明, 姚逢昌, 狄帮让, 等. 2010. 缝洞型储层地震识别理论与方法. 北京: 石油工业出版.

邵济安, 牟保磊, 何国琦. 1997. 华北北部在古亚洲域与太平洋域构造叠加过程中的地质作用. 中国科学(D 辑), 27(5): 390-394.

佘源琦, 高阳, 杨桂茹, 等. 2019. 新时期我国天然气勘探形势及战略思考. 天然气地球科学, 30(5): 751-760.

沈平, 徐永昌, 王先彬, 等. 1991. 气源岩和天然气地球化学特征及成气机理研究. 兰州: 甘肃省科学技术出版社.

施和生, 王清斌, 王军, 等. 2019. 渤中凹陷深层渤中 19-6 构造大型凝析气田的发现及勘探意义. 中国石油勘探, 24(1): 36-45.

宋岩, 徐永昌. 2005. 天然气成因类型及其鉴别. 石油勘探与开发, 32(4): 24-29.

宋岩, 戴金星, 李先奇, 等. 1998. 中国大中型气田主要地球化学和地质特征. 石油学报, 19(1): 1-5.

孙卫东, 凌明星, 汪方跃, 等. 2008. 太平洋板块俯冲与中国东部中生代地质事件. 矿物岩石地球化学通报, 27(3): 218-225.

孙晓猛, 吴根耀, 郝福江, 等. 2004. 秦岭-大别造山带北部中—新生代逆冲推覆构造期次及时空迁移规律. 地质科学, 39(1): 63-76.

滕长宇, 邹华耀, 郝芳. 2014. 渤海湾盆地构造差异演化与油气差异富集. 中国科学: 地球科学, 44(4): 579-590.

田立新, 周东红, 明君, 等. 2010. 窄方位角地震资料在裂缝储层预测中的应用. 成都理工大学学报(自然科学版), 37(5): 550-553.

王德英, 余宏忠, 于海波, 等. 2012. 渤海海域新近系地层格架约束下岩性圈闭发育特征及精细识别——以石臼坨凸起明下段为例. 中国海上油气, 24(S): 23-27.

王德英, 王清斌, 刘晓健, 等. 2019. 渤海湾盆地海域片麻岩潜山风化壳型储层特征及发育模式. 岩石学报, 35(4): 1181-1193.

王非翔, 张凯, 李振春, 等. 2019. VTI 介质各向异性参数角道集层析反演. 石油地球物理勘探, 54(5): 1057-1066.

王根照, 夏庆龙. 2009. 渤海海域天然气分布特点、成藏主控因素与勘探方向. 中国海上油气, 21(1): 15-18.

王国纯. 1998. 郯庐断裂与渤海海域反转构造及花状构造. 中国海上油气, 12(5): 289-295.

王国庆, 宋国奇. 2014. 生烃增压在超压形成中的作用——以东营凹陷西部为例. 科学技术与工程, (27): 177-181.

王建宝. 2003. 东营凹陷烃源岩生烃动力学研究. 广州: 中国科学院研究生院(广州地球化学研究所).

王建花, 王守东, 刘燕峰. 2016. 基于 Contourlet 系数相关性的地震噪声压制方法. 中国海上油气, 28(1): 35-40.

王良书, 刘绍文, 肖卫勇, 等. 2002. 渤海盆地大地热流分布特征. 科学通报, 47(2): 151-155.

王奇. 2013. 渤海海域烃源岩有机地球化学特征与生气模式. 北京: 中国石油大学(北京).

王启军, 陈建渝. 1988. 油气地球化学. 武汉: 中国地质大学出版社.

王涛. 1997. 中国天然气地质理论基础与实践. 北京: 石油工业出版社.

王庭斌. 2004. 中国气藏主要形成、定型于新近纪以来的构造运动. 石油与天然气地质, 25(2): 126-132.

王庭斌. 2005. 中国大中型气田分布的地质特征及主控因素. 石油勘探与开发, 32(4): 1-8.

王晓伏, 王成善, 冯子辉, 等. 2009. 陆相盆地充填类型及对烃源岩形成的控制: 以松辽盆地为例. 地学前缘, 16(5): 192-200.

王英民, 邓林, 贺小苏, 等. 1998. 海相残余盆地成藏动力学过程模拟理论与方法. 北京: 地质出版社.

王永卓, 周学民, 印长海, 等. 2019. 徐深气田成藏条件及勘探开发关键技术. 石油学报, 40(7): 866-886.

王招明, 谢会文, 李勇, 等. 2013. 库车前陆冲断带深层盐下大气田的勘探和发现. 中国石油勘探, 18(3): 1-11.

魏国齐, 李剑, 张水昌, 等. 2012. 中国天然气基础地质理论问题研究新进展. 天然气工业, 32(3): 6-14.

魏国齐, 李剑, 谢增业, 等. 2013. 中国大气田成藏地质特征与勘探理论. 石油学报, 34(S1): 1-13.

魏国齐, 杨威, 李剑, 等. 2014. 中国陆上天然气地质特征与勘探领域. 天然气地球科学, 25(7): 957-970.

魏国齐, 李剑, 杨威, 等. 2018a. "十一五"以来中国天然气重大地质理论进展与勘探新发现. 天然气地球科学, 29(12): 1691-1705.

魏国齐, 李君, 佘源琦, 等. 2018b. 中国大型气田的分布规律及下一步勘探方向. 天然气工业, 38(4): 12-25.

文晓涛, 贺振华, 黄德济. 2003. 缝洞岩层地震波反射特征分析. 勘探地球物理进展, 26(2): 99-102.

文志刚, 米立军, 唐友军, 等. 2004. 渤海海域中西部地区天然气地球化学. 武汉: 中国地质大学出版社.

吴冲龙, 李星, 刘刚, 等. 1999. 盆地地热场模拟的若干问题探讨. 石油实验地质, 21(1): 1-7.

吴福元, 徐义刚, 高山, 等. 2008. 华北岩石圈减薄与克拉通破坏研究的主要学术争论. 岩石学报, 24(6): 1145-1174.

吴福元, 徐义刚, 朱日祥, 等. 2014. 克拉通岩石圈减薄与破坏. 中国科学: 地球科学, 44(11): 2358-2372.

吴国忱. 2006. 各向异性介质地震波传播与成像. 东营: 石油大学出版社.

吴国忱, 赵小龙, 罗辑, 等. 2017. 基于扰动弹性阻抗的裂缝参数反演方法. 石油地球物理勘探, 52(2): 340-349.

吴志强. 2014. 海洋宽频带地震勘探技术新进展. 石油地球物理勘探, 49(3): 421-430.

夏斌, 刘朝露, 陈根文. 2006. 渤海湾盆地中新生代构造演化与构造样式. 天然气工业, 26(12): 85-88.

肖建恩, 李振春, 张凯, 等. 2019. TI 介质角度域高斯束逆时偏移方法. 石油地球物理勘探, 54(5): 1067-1074.

肖芝华, 胡国艺, 钟宁宁, 等. 2008. 矿物中的微量元素对有机质产气的影响. 中国石油大学学报(自然科学版), 32(1): 33-36.

谢玉洪. 2016. 南海西部海域高温高压天然气成藏机理与资源前景-以莺-琼盆地为例. 石油钻采工艺, 38(6): 713-722.

谢玉洪, 陈殿远, 刘爱群, 等. 2014. 高精度叠前时间域速度分析方法研究及应用. 中国石油大学学报(自然科学版), 38(2): 38-43.

熊亮萍, 张菊明. 1988. 华北平原区地温梯度与基底构造形态的关系. 地球物理学报, 31(2): 146-155.

徐长贵, 于海波, 王军, 等. 2019. 渤海海域渤中 19-6 大型凝析气田形成条件与成藏特征. 石油勘探与开发, 46(1): 25-38.

徐嘉炜, 马国锋. 1992. 郯庐断裂带研究的十年回顾. 地质论评, 38(4): 316-324.

许浚远, 张凌云. 2000. 西北太平洋边缘新生代盆地成因(中): 连锁右行拉分裂谷系统. 石油与天然气地质, 21(3): 185-190.

薛永安. 2014. 渤海海域天然气成藏特征与大中型气田勘探方向研究. 青岛: 中国石油大学出版社.

薛永安. 2019. 渤海海域深层天然气勘探的突破与启示. 天然气工业, 39(1): 11-20.

薛永安, 李慧勇. 2018. 渤海海域深层太古界变质岩潜山大型凝析气田的发现及其地质意义. 中国海上油气, 30(3): 1-9.

薛永安, 王德英. 2020. 渤海湾油型盆地大型天然气藏形成条件与勘探方向. 石油勘探与开发, 47(2): 1-12.

薛永安, 刘廷海, 王应斌, 等. 2007. 渤海海域天然气成藏主控因素与成藏模式. 石油勘探与开发, 34(5): 521-533.

杨华, 席胜利. 2002. 长庆勘探取得的突破. 天然气工业, 22(2): 12-17.

杨华, 付金华, 刘新社, 等. 2012. 苏里格大型致密砂岩气藏形成条件及勘探技术. 石油学报, 33(增刊1): 27-36.

叶涛, 韦阿娟, 曾金昌, 等. 2019. 渤海湾盆地中生代构造差异演化与潜山油气差异富集. 地质科学, 2019, 54(4): 1135-1154.

于海波, 王德英, 牛成民, 等. 2015. 渤海海域渤南低凸起碳酸盐岩潜山储层特征及形成机制. 石油实验地质, 37(2): 24-28.

于世焕, 赵殿栋, 李钰, 等. 2010. 观测系统面元细分问题分析. 石油物探, 49(6): 599-605.

岳伏生, 郭彦如, 马龙, 等. 2003. 成藏动力学系统的研究现状及发展趋势. 地球科学进展, 18(1): 122-126.

翟明国, 朱日祥, 刘建明, 等. 2003. 华北东部中生代构造体制转折的关键时限. 中国科学(D 辑), 33(10): 913-920.

张抗. 2004. 世界巨型气田近十年的变化分析. 天然气工业, 24(6): 127-130.

张鹏, 李欣, 杨凯, 等. 2015. 海洋空气枪点震源阵列优化组合设计与应用. 石油物探, 54(3): 292-300.

张善文, 隋风贵, 林会喜, 等. 2009. 渤海湾盆地前古近系油气地质与远景评价. 北京: 地质出版社: 1-10.

张水昌, 朱光有. 2007. 中国沉积盆地大中型气田分布与天然气成因. 中国科学 D 辑: 地球科学, 37(增2): 1-11.

张义纲. 1991. 天然气的生成聚集和保存. 南京: 河海大学出版社.

赵国春, 孙敏, Wilde S A. 2002. 华北克拉通基底构造单元特征及早元古代拼合. 中国科学(D 辑), 32(7): 538-549.

赵国祥, 王清斌, 金小燕, 等. 2015. 渤海海域渤中凹陷奥陶系碳酸盐岩成岩作用. 地质科技情报, 34(5): 1-7.

赵海玲, 狄永军, 振文, 等. 2004. 东南沿海地区新生代火山作用和地幔柱. 地质学报, 78(6): 781-788.

赵靖舟, 李秀荣. 2002. 晚期调整再成藏——塔里木盆地海相油气藏形成的一个重要特征. 新疆石油地质, 23(2): 89-91.

赵靖舟, 李军, 徐泽阳, 等. 2017. 沉积盆地超压成因研究进展. 石油学报, 38(9): 973-998.

赵利, 李理. 2016. 渤海湾盆地晚中生代以来伸展模式及动力学机制. 中国地质, 43(2): 470-485.

赵贤正, 张万选. 1991. 渤海湾盆地天然气藏类型及分布序列模式和富集规律. 中国石油大学学报(自然科学版), 15(2): 1-7.

赵重远, 刘池洋, 任战利. 1990. 含油气盆地地质学及其研究中的系统工程. 石油与天然气地质, 1(1): 108-113.

郑民, 李建忠, 吴晓智, 等. 2018. 我国常规与非常规天然气资源潜力、重点领域与勘探方向. 天然气地球科学, 29(10): 1383-1397.

郑永飞, 吴福元. 2009. 克拉通岩石圈的生长和再造. 科学通报, 54(14): 1945-1949.

周小进, 倪春华, 杨帆. 2010. 华北古生界原型-变形构造演化及其控油气作用. 石油与天然气地质, 31(6): 779-794.

周心怀, 项华, 于水, 等. 2005. 渤海锦州南变质岩潜山油藏储集层特征与发育控制因素. 石油勘探与开发, 32(6): 17-21.

周兴熙. 1997. 源—盖共控论述要. 石油勘探与开发, 24(6): 4-7.

朱光, 王道轩, 刘国生, 等. 2001. 郯庐断裂带的伸展活动及其动力学背景. 地质科学, 36(3): 269-278.

朱日祥, 陈凌, 吴福元, 等. 2011. 华北克拉通破坏的时间、范围与机制. 中国科学: 地球科学, 41(5): 583-592.

朱日祥, 徐义刚, 朱光, 等. 2012. 华北克拉通破坏. 中国科学: 地球科学, 42(8): 1135-1159.

朱伟林. 2002. 中国近海含油盆地古湖泊学研究. 南京: 同济大学.

朱伟林, 米立军, 龚再升, 等. 2009. 渤海海域油气成藏与勘探. 北京: 科学出版社.

邹才能, 陶士振. 2007. 中国大气区和大气田的地质特征. 中国科学 D 辑: 地球科学, 37(增2): 12-28.

Alkhalifah T. 1995. Gaussian beam depth migration for anisotropic media. Geophysics, 60(5): 1474-1484.

Allen M B, Macdonald D I M, Xun Z, et al. 1997. Early Cenozoic two-phase extension and late Cenozoic thermal subsidence and inversion of the Bohai Basin, northern China. Marine and Petroleum Geology, 14: 951-972.

Behar F. 1992. Experimental simulation in a confined system and kinetic modelling of kerogen and oil cracking. Organic Geochemistry, 19(1-3): 173-189.

Behar F, Vandenbroucke M, Tang Y, et al. 1997. Thermal cracking of kerogen in open and closed systems: Determination of kinetic parameters and stoichiometric coefficients for oil and gas generation. Organic Geochemistry, 26: 321-339.

Bement W O. 1995. The temperature of oil generation as defined with C_7 chemistry maturity parameter(2, 4-DMP/2, 3-DMP ratio)//Grimalt J O, Dorronaoro C. Organic Geochemistry: Developments and Applications to Energy, Climate, Environment and Human History. Donostian－San Sebastian: European Association of Organic Geochemists.

Bernard B B, Brooks J M, Sackett W M. 1978. Light hydrocarbons in recent Texas continental shelf and slope sediments. Journal of Geophysical Research, 83(C8): 4053.

Burnham A K, Sweeney J J. 1989. A chemical kinetic model of vitrinite reflectance maturation. Geochimica et Cosmochimica Acta, 53(10): 2649-2657.

Cerveny V. 1972. Seismic rays and ray intensities in inhomogeneous anisotropic media. Geophysical Journal Royal Astronomical Society, 29, 1-13.

Cerveny V, Hron F. 1980. The ray series method and dynamic ray tracing system for three-dimensional inhomogeneous media. Bulletin of the Seismological Society of America, 70(1): 47-77.

Damste J S, Kenig F, Koopmans M P, et al. 1995.Evidence for gammacerane as an indicator of water column stratification. Geochimica et Cosmochimica Acta, 59(9): 1895-1900.

Dieckmann V, Schenk H J, Horsfield B. 2000. Assessing the overlap of primary and secondary reactions by closed- versus open-system pyrolysis of marine kerogens. Journal of Analytical and Applied Pyrolysis, 56: 33-46.

Duan Y, Wang C Y, Zheng C Y, et al. 2008. Geochemical study of crude oils from the Xifeng oilfield of the Ordos basin, China. Journal of Asian Earth Sciences, 31: 341-356.

Eadington P J. 1996. Identifying oil well site. United States Patent Application, 5: 543-616.

Ebukanson E J, Kinghorn R R F. 1985. Kerogen facies in the major Jurassic mudrock formations of Southern England and the implication on the depositional environments of their precursors. Journal of Petroleum Geology, 8: 435-462.

Hanyga A. 1986. Gaussian beams in anisotropic elastic media. Geophysical Journal International, 85(3): 473-563.

Hao F, Li S T, Gong Z S, et al. 2002. Thermal regime, inter-reservoir compositional heterogeneities, and reservoir-filling history of the Dongfang Gas Field, Yinggehai Basin, South China Sea: Evidence for episodic fluid injections in overpressured basins. AAPG Bulletin, 84: 607-626.

Hao F, Zou H Y, Gong Z S, et al. 2007. Hierarchies of overpressure retardation of organic matter maturation: Case studies from petroleum basins in China. AAPG Bulletin, 91: 1467-1498.

Hill N R. 2001. Prestack Gaussian-beam depth migration. Geophysics, 66(4): 1240-1250.

Hill R J, Tang Y C, Kaplan I R. 2003. Insights into oil cracking based on laboratory experiments. Organic Geochemistry, 34: 1651-1672.

Hill R J, Zhang E, Katz B J, et al. 2007. Modeling of gas generation from the Barnett Shale, Fort Worth Basin, Texas. American Association of Petroleum Geologists Bulletin, 91(4): 501-521.

Horsfield B, Schenk H J, Mills N, et al. 1992. An investigation of the in-reservoir conversion of oil to gas: Compositional and kinetic findings from closedsystem programmed-temperature pyrolysis. Organic Geochemistry, 19: 191-204.

Hu S B, O'Sullivan P B, Raza, et al. 2001. Thermal history and tectonic subsidence of the Bohai Basin, northern China: A Cenozoic rifted and local pull-apart basin. Physics of the Earth and Planetary Interiors, 126: 221-235.

Huang W Y, Meinschein W G. 1979. Sterols as ecological indicators. Geochimica et Cosmochimica Acta, 43(5): 739-745.

Lewan M D. 1997. Experiments on the role of water in petroleum formation. Geochimica et Cosmochimica Acta. 61: 3691-3723.

Lewan M D, Roy S. 2011. Role of water in hydrocarbon generation from Type-I kerogen in Mahogany oil shale of the Green River Formation. Organic Geochemistry, 42: 31-41 .

Lorant F. 1998. Carbon isotopic and molecular constraints on the formation and the expulsion of thermogenic hydrocarbon gases. Chemical Geology, 147(3-4): 249-264.

Luo Y, Higgs W G, Kowalik W S, et al. 1996. Edge Detection And Stratigraphic Analysis Using 3D Seismic Data. SEG Technical Program Expanded Abstracts.

Magara K. 1968. Compaction and migration of fluids in Miocene mudstone, Nagaoka plain , Japan. AAPG Bulletin, 52(12): 2466-2501.

Mango F D. 1987. An invariance in the isoheptanes of petroleum. Science, 237(4814): 514-517.

Menzies M A, Fan W M, Zhang M. 1993. Palaeozoic and Cenozoic lithoprobes and the loss of >120 km of Archaean lithosphere Sino-Korean Craton, China//Pritchard H M, Alabaster T, Harris N B W, et al. Magmatic Processes and Plate Tectonics. Geological Society. London, Special Publications, 76(1): 71-81.

Michael J W. 1999. Carbon and hydrogen isotope systematics of bacterial formation and oxidation of methane. Chemical Geology, 161(1): 291-314.

Moldowan J M, Seifert W K, Gallegos E J. 1985. Relationship between petroleum composition and deposition environment of petroleum source rocks. AAPG Bulletin, 69(8): 1255-1268.

Nowack R, Sen M K, Stoffa P L. 2003. Gaussian beam migration for sparse common-shot and common-receiver data. 73th Annual International Meeting, SEG, Expanded Abstracts: 1114-1117.

Otroleva P J. 1994. Basin compartmentation: Difinitions and Mechanisms//Otroleva P J. AAPG Memoir 61. Basin Compartments and Seals: 39-52.

Pan C C, Zhang M, Peng D H, et al. 2010. Confined pyrolysis of Tertiary lacustrine source rocks in the Western Qaidam Basin, Northwest China: Implications for generative potential and oil maturity evaluation. Applied Geochemistry, 25: 276-287.

Peters K E, Walters C C, Moldowan J M. 2005. The Biomarker Guide, Biomarkers and Isotopes in Petroleum Exploration and Earth History. Cambridge : Cambridge University Press.

Philip R P, Gilbert T D. 1986. Biomarker distributions in Australian oils predominantly derived from terrigenous source material. Organic Geochemistry, 10: 73-84.

Prinzhofer A A, Huc A Y. 1995. Genetic and post-genetic molecular and isotopic fractionations in natural gases. Chemical Geology, 126(3-4): 281-290.

Qi J F, Yang Q. 2010. Cenozoic structural deformation and dynamic processes of the Bohai Bay basin province, China. Marine and Petroleum Geology, 27: 757-771.

Ren J Y, Tamaki K, Li S T, et al. 2002. Late Mesozoic and Cenozoic rifting and its dynamic setting in Eastern China and adjacent areas. Tectonophysics, 344: 175-205.

Ruble T E, Lewan M D, Philp R P. 2001. New insights on the Green River petroleum system in the Uinta basin from hydrous pyrolysis experiments. AAPG Bulletin, 85(8): 1333-1371.

Ruble T E, Lewan M D, Philp R P. 2003. New insights on the Green River petroleum system in the Uinta basin from hydrous-pyrolysis experiments: Reply. American Association of Petroleum Geologists Bulletin, 87: 1535-1541.

Ruger A. 1998. Variation of P-wave reflectivity with offset and azimuth in anisotropic media. Geophysics, 63(3) : 935-947.

Schenk H J, Dieckmann V. 2004. Prediction of petroleum formation: the influence of laboratory heating rates on kinetic parameters and geological extrapolations. Marine and Petroleum Geology, 21: 79-95.

Smith D A. 1966. Theoretical consideration of sealing and non-sealing faults. AAPG Bulletin, 50(2): 363-374.

Sweeney J J, Burnham A. K. 1990. Evolution of a simple model of vitrinite reflectance based on chemical kinetics. AAPG Bulletin, 74(4): 1559-1570.

Thompson K F M. 1983. Classification and thermal history of petroleum based on light hydrocarbons. Geochimica Et Cosmochimica Acta, 47(2): 303-316.

Tian H, Xiao X M, Ronald W T, et al. 2008. New insights into the volume and pressure changes during the thermal cracking of oil to gas in reservoirs: Implications for the in situ accumulation of gas cracked from oils. American Association of Petroleum Geologists Bulletin, 92: 181-200.

Tsuzuki N, Takeda N, Susuki M, et al. 1999. The kinetic modeling of oil cracking by hydrothermal pyrolysis experiments. International Journal of Coal Geology, 39(1-3): 227-250.

Volkman J K. 1986. A review of sterol markers for marine and terrigenous organic matter. Organic Geochemistry, 9(2): 83-99.

Yue Y, Li Z, Zhang P, et al. 2010. Prestack Gaussian beam depth migration under complex surface conditions. Applied Geophysics, 7(2): 143-148.

Zhang E, Hill R J, Katz B J, et al. 2008. Modeling of gas generation from the Cameo coal zone in the Piceance Basin, Colorado. AAPG Bulletin, 92 (8): 1077-1106.